環境政策論講義

SDGs達成に向けて

竹本和彦 編

Environmental Policy and the SDGs

東京大学出版会

Environmental Policy and the SDGs

Kazuhiko Takemoto, Editor

University of Tokyo Press, 2020
ISBN 978-4-13-062319-3

はじめに

　本書は，広範囲にわたる環境問題に対し，日本においてこれまでどのように環境政策が展開してきたかという経験を紐解きながら，今後の環境政策の展望について体系的に取りまとめたものである．

　日本においては，これまで激甚な公害への対処をはじめとして様々な環境問題に対処してきた．また国境を越えた広域的な環境問題への対応や，国際協調の下に繰り広げられてきた地球環境問題への対応など，時代とともに変遷を遂げてきている．とりわけ2015年9月に「持続可能な開発目標」（Sustainable Development Goals; SDGs）が国連において採択され，また同年12月に気候変動に関わる「パリ協定」の世界合意が果たされたことは，環境政策を論じる上できわめて大きな意味を有している．本書は，こうした国内外の動向を踏まえ，SDGs時代における環境政策のあり方に一石を投じていくことを目指している．

　本書の執筆にあたり，これまで勤務してきた国連大学サステイナビリティ高等研究所において一緒に仕事をしてきた同僚に共同執筆の協力を依頼したところ，快く引き受けていただいた．その後，打ち合わせを積み重ね，相互に切磋琢磨しつつ，ようやく全体を取りまとめることができた．

　この執筆作業にあたっては，国民の健康や生活環境を守り，環境の質の向上を図ることを第一義とする国内ニーズへの対応と，国際的な動向を踏まえた環境政策の展開，及びこれら2つの側面の相互関係に力点を置いた．また国内政策の実績がどのように国際社会に貢献することができたかを問いかける機会となるよう試みた．さらに，経済社会が国際化していく中で，環境問題も例外ではなく，国内政策の企画立案実施にあたって，国際社会との接点は避けてはとおれないことを念頭に置いて執筆にあたった．

　また「持続可能な開発」についての国際的な議論がはじまって久しいが，この考え方が，日本の環境政策の展開の中に根ざしていった経路を探ることは，大変意義のあることであった．その意味で，日本の環境政策は大気環境

においては越境汚染問題に直面し，水環境問題においても，国際協力が不可
欠の時代になってきており，廃棄物・資源循環問題については，3R イニシ
アティブに象徴されるとおり，国内政策の実績が国際社会に貢献する優良事
例となるだけではなく，資源循環を目指す国際議論の推進役として世界をリ
ードする立場にもなってきている．

　さらに気候変動，生物多様性や化学物質などは，もともと国際的な動向へ
の対応を重視しながら発展してきた環境政策といえるが，こうした各分野に
おける政策展開を国際的視点から論じている点についても本書の特徴として
いる．

　ここで本書の全体像について各章の要点を紹介することにより概観してみ
たい．

　まず序章では，環境政策に関する原則と手法として，将来世代ニーズの考
慮や予防的取組など「リオ宣言」（1992 年）により導入された国際環境法の
根本となる原則や，これを踏まえた日本における手法などについて整理した．
また日本の環境政策の全体像として，公害対策と自然環境保全を柱として展
開してきた変遷，1993 年に制定された環境基本法及び同法に基づく環境基
本計画の進展，環境政策手法の枠組みについて紹介している．

　次に第 I 部「環境問題への対応」のうち，第 1 章から第 3 章は，公害問題
への対応として環境政策が国内で形成され，その後，国際的な政策をも包含
するに至った経緯を課題ごとに取り上げる．第 1 章「大気環境」では，かつ
て日本において深刻な影響をもたらした大気汚染の原因と対策について解説
し，対策の進展により改善されてきた大気環境の現状について紹介する．次
に，大気汚染防止法をはじめとする国内の大気環境政策を概観し，現在の課
題として残されている光化学オキシダントやアスベスト（石綿）の問題に触
れるとともに，$PM_{2.5}$ に代表される越境汚染など，今日の大気環境政策が国
際的な視点を必要としていることを述べた上で，今後の課題と展望について
論じている．

　第 2 章「水環境」では，歴史上重大な影響を与えることとなった水俣病な
ど公害病の事例に焦点をあて，これらの課題への対処の経験から得られる教
訓を踏まえた上で，環境基本法の体系化における水環境対策を取りまとめて

いる．対策では，個別の水質汚濁対策から閉鎖性水域への対応など，広域的な対応が求められている水環境政策をはじめとして，現在は水循環の全体像を視野に入れた総合的な水管理の必要性の観点から水循環基本法の取組について取りまとめている．また近年特に重視されてきている国際的な観点からの取組を踏まえつつ，今後SDGs達成を目指す政策展開のあり方についても論じている．

　第3章「廃棄物と資源循環」では，公衆衛生の観点から出発した廃棄物政策が，循環型社会の形成や資源循環政策へと発展する過程をたどる．まず基本的な情報として日本全体の物質の流れや廃棄物の発生状況などを提示しつつ，廃棄物処理や資源循環の技術について整理し，循環型社会形成推進基本法や廃棄物処理法，各種リサイクル法など国内の政策を紹介している．また資源循環政策が，国際的にも展開されてきている状況を解説したのち，今後の課題と展望について議論している．

　第Ⅰ部のうち第4章から第6章は，主に地球規模の環境問題への対応として国際的な政策が形成され，それに呼応する形で国内の政策が発展してきた分野に焦点をあてている．第4章「気候変動」では，気候変動による影響など科学的な背景を踏まえ，今後の世界への影響（将来予測）を紹介しつつ，国際的には気候変動枠組条約の下で京都議定書，パリ協定といった主要な国際的枠組みが形成されてきたこと，気候変動の政策手法として緩和対策，適応対策について整理した．また，日本国内の温室効果ガスの排出状況と地球温暖化対策，気候変動適応に関わる様々な法律や政策と併せて，地方公共団体，民間企業，市民団体など様々な主体による政策形成についても論じている．

　第5章「化学物質」では，今日の経済社会や日常の生活に不可欠な化学物質について，その環境影響と環境中の分布状況，化学物質の評価・管理に関する政策を取り上げる．環境への影響については，化学物質の有害性について概観し，その環境リスクの考え方について紹介している．また，化学物質に関する政策が1992年のリオ・サミットを契機に国際的に大きく進展してきたことや，こうした動きに対応して国内の政策も充実してきた経緯を，各種政策の具体的な内容とともに解説し，その上で，化学物質の管理に関する今後の課題と展望について論じている．

　第6章「生物多様性」では，今日，地球環境の重要な課題となっている生物多様性に注目し，生物多様性の国内外の現状について紹介したのち，生物多様性条約を中心とする国際的な政策の展開について解説している．また国際的な政策に対応した国内の政策について，具体的な事例も含めて概観し，生物多様性に関する 2020 年以降の国際的な枠組みが交渉の佳境にあることを踏まえつつ，今後の課題と展望について論じている．

　第 I 部では環境政策に関し分野ごとに解説しているが，2015 年に採択された「2030 年アジェンダ」及び「持続可能な開発目標」(SDGs) に顕著に見られるように，分野ごとの課題を横断的に網羅する形で持続可能な開発を目指す動きが，今日の環境政策の主流となってきている．こうした点を踏まえ，第 II 部「社会を変える仕組み」として，第7章「持続可能な開発とSDGs」では，持続可能な開発に関する国際論議が，1972 年のストックホルム会議に端を発し，その後「ブルントラント委員会」における議論に引き継がれていった歴史的な変遷について論じている．また 2015 年の国連総会におけるSDGs の世界合意に至る道のりについて体系的に整理し，持続可能な開発を推進してきた国際機関における活動などについてもまとめている．さらにSDGs の意義やSDGs の各目標間の相乗効果（シナジー）及びトレードオフの解消の必要性についても論じている．

　第8章「SDGs 達成に向けた取組」では，2015 年に採択された 2030 年アジェンダ及びSDGs が，世界全体（Global），地域レベル（Regional），国家レベル（National），地方レベル（Local），それぞれにおいてどのようにとらえられ実施されているかについて論じている．現在多くの国においてSDGs 実施に向けた体制が整備され，多様なステークホルダーによる SDGs 実施が展開されている．また，日本国内でも，政府，地方公共団体，民間企業，市民団体において取組が展開されている．また，「持続可能な開発」概念のもと環境，経済，社会の側面からの統合的なアプローチの必要性と併せ，環境政策の今後の広がりについても論じている．

　最後に終章として，これまでの経験と教訓を踏まえ，今後の環境政策のあり方について，執筆者間での議論を踏まえ，SDGs 達成に向けその中核をなす環境政策はどうあるべきかについて論じている．

　上記の議論の体系的な整理が，環境政策の更なる進展を目指していく上での資料となれば幸甚である．また今後の若い世代の人々が持続可能な開発について考えていく上での一助となることができればと願っている．

　SDGs は世界を持続的方向へと変革していくことを目指している．持続可能な開発の議論が国際舞台に登場してきてからすでに 40 年が経ち，ようやく環境，社会，経済が国内レベルでも統合を目指す兆しが出てきている．これまでの環境政策の立案・実施の現場での経験を通じて常に自分自身に問いかけ続け，また真の国際環境開発協力のあり方，持続可能な開発を環境政策の柱として主流化していくことをライフワークとして取り組んできたことから，こうしたタイミングで本書を取りまとめ発表できることを大変有難く，嬉しく思っている．

　本書の作成にあたり，多くの皆さんからご支援・ご協力をいただいた．武内和彦先生には，本書の構想段階から貴重な助言をいただいた．小林光氏や早水輝好氏には，本書の執筆内容に関し有益な指摘をいただいた．また，西川絢子氏や石島知美氏には，各種資料の提供・整理にあたり多大なご協力をいただいた．そのほかにも多くの皆さんのご協力をいただいて，また（独）環境再生保全機構の環境研究総合推進費 1-1801 の支援も受け，本書の完成を見た．そして，東京大学出版会の薄志保氏および小松美加氏は，本書の編集担当として，編著者を終始暖かく励ましてくださり，執筆作業を見事に引率していただいた．ここに感謝を申し上げる次第である．

2019 年 12 月

著者を代表して　竹本和彦

目 次

はじめに

第Ⅰ部　環境問題への対応

序　章　環境政策の考え方と手法

1　環境政策の原則と手法

(1)　環境政策に関する国際的な原則

　環境政策とは，一般的には環境保全に関する政府の方針や施策として定義
付けられる．行政分野全体における環境政策の位置付けは，これまでに様々
な変遷を経てきた．環境問題とその対応領域が拡大するにつれ，環境政策も
自然科学と社会科学の幅広い分野との関わりを持つようになってきた．この
ため，環境政策の考え方や手法は，様々な学問分野からの知見を得て学際的
な性格を有するものとなる．

　環境政策に大きな影響を与えた国際的な原則としては，ストックホルムで
の「国連人間環境会議」(1972 年)(以下「ストックホルム会議」)における
「ストックホルム人間環境宣言」が挙げられる(「持続可能な開発」の原点とし
て第 7 章でも詳しく紹介する)．同宣言では，環境に関する権利と義務として
「人は，尊厳と福祉を保つに足る環境で，自由，平等及び十分な生活水準を
享受する基本的権利を有するとともに，現在及び将来の世代のため環境を保
護し改善する厳粛な責任を負う」ことなどの原則を表明した．

　同じ 1972 年には，経済協力開発機構 (The Organisation for Economic
Co-operation and Development; OECD) の理事会勧告に，汚染者負担の原
則 (Polluter Pays Principle; PPP) が盛り込まれた．これは，汚染者が環境
汚染防止のための費用を支払うという考え方であり，環境汚染という外部不
経済の費用を価格に内部化することにより適切な環境資源の配分を図るもの
である．

　そして，ストックホルム会議から 20 年後の 1992 年には「環境と開発に関

する国連会議」(1992 年，リオ・サミット) が開催され，「環境と開発に関するリオ宣言」(リオ宣言) が採択された．

「リオ宣言」は，「持続可能な開発」(将来世代の利益や要求を充足する能力を損なわない範囲で，現世代が環境を利用し，要求を満たしていく) を中心に置きつつ，国際環境法の根本を定める原則として下記を含んでいる (小林，2012)．

- 自国管轄外への環境への責任 (第 2 原則)
- 開発にあたっての将来世代のニーズの考慮 (第 3 原則)
- 途上国にも差異ある共通の環境保全責任があることの指摘 (第 7 原則)
- 公衆の参加 (第 10 原則)
- 予防的取組方法 (第 15 原則)

また，同じくリオ・サミットのもう一つの成果物である「人類全体の行動計画 (アジェンダ 21)」では，経済や社会と環境保全との関係性，環境メディアを切り口とした行動，多様な主体の参画と各主体から見た取るべき行動，行動計画の実施手段を取り上げている (小林，2012)．

これらの原則は，環境条約など国際的な環境政策が検討される中で，あるいは各国が国内の環境政策を立案する上での基礎となっている．

(2) 日本における環境政策に関する原則と手法

日本においては，高度成長期の激甚な公害に対応して，あるいはストックホルム人間環境宣言や汚染者負担の原則などに呼応する形で，環境政策に関する原則と手法を確立してきた．現在，日本において環境政策に関する原則と手法を規定しているのが，リオ・サミットと並行して審議され 1993 年に制定された「環境基本法」とこれに基づく「環境基本計画」(閣議決定) である．環境基本計画はこれまで五次にわたって策定されたが，最新の第五次計画 (2018) において「環境政策における原則」として下記を掲げている．

- 環境効率性：一単位当たりの物やサービスの提供から生じる環境負荷を減らすことにより，経済の付加価値が拡大しても環境負荷を増大させないという考え方 (環境保全と経済発展のデカップリング)．
- リスク評価と予防的な取組方法：科学的な不確実性があっても，影響の大きさと発生の可能性に基づいて環境リスクを評価し，対策を講じる

という考え方（第5章参照）．地球温暖化対策，生物多様性の保全，化学物質の対策，大気汚染防止対策など，環境政策における基本的な考え方としてすでに取り入れられている．

- 汚染者負担の原則：外部不経済の内部化に加え，日本の場合，汚染の修復や被害者救済の費用も含めた正義と公平の原則として議論されてきた経緯がある．

このほか，「拡大生産者責任」（第3章参照）や，製品の設計や製法を工夫することにより汚染物質や廃棄物をできるだけ排出しないようにする「源流対策の原則」も第五次環境基本計画に記載されている．

また第五次環境基本計画では，環境政策の手法として下記を挙げている．

- 直接規制的手法：法令による統制的手段．環境汚染の防止や環境保全のための土地利用・行為規制などであり，大気汚染物質や水質汚濁物質の規制など環境政策の基盤となる手法である．

- 枠組規制的手法：目標を提示，または一定の手順や手続を踏むことを義務付けることなどによって規制の目的を達成しようとする手法であり，化学物質の環境中への排出・移動量の把握，報告を定める化学物質排出移動量届出制度（Pollutant Release and Transfer Register; PRTR 制度）が該当する．

- 経済的手法：市場における経済的インセンティブの付与を介して各主体の経済合理性に沿った行動を誘導することによって政策目的を達成しようとする手法である．補助金，税制優遇による財政的支援，課税等による経済的負担を課す方法，排出量取引，固定価格買取制度等，様々な方式がある．

- 自主的取組手法：事業者などが自らの行動に一定の努力目標を設けて対策を実施するという取組によって政策目的を達成しようとする手法である．地方公共団体と企業が締結する公害防止協定や，温室効果ガス削減のための産業界の自主行動計画などが該当する．

- 情報的手法：投資や購入等に際して選択できるように，環境負荷などに関する情報の開示と提供を進める手法である．環境報告書などの公表や環境性能表示などが該当する．

- 手続的手法：各主体の意思決定過程に，環境配慮のための判断を行う手

　　続と環境配慮に際しての判断基準を組み込んでいく手法である．環境
　　影響評価の制度が該当する．
・事業的手法：国，地方公共団体等が事業を進めることによって政策目的
　　を実現していく手法．下水道の整備による水質汚濁物質の低減などが
　　該当する．

　これらの手法の活用にあたっては，各手法の長短に鑑みて異なる手法を組
み合わせるポリシーミックスを検討すること，また解決すべき課題の多様性
を踏まえ政策もダイナミックな進化が可能なよう設計していくことなども重
要である．

2　日本の環境政策の全体像

(1)　日本における環境政策の変遷

　日本では，古くは 19 世紀後半に足尾銅山鉱毒事件のような環境問題が生
じたが，環境政策として体系的に対応されたわけではなかった．公害対策に
ついては，浅野（1994）によると，日本では戦前から公害賠償請求訴訟に関
する例，また戦後も工場騒音等については民法に基づく損害賠償請求訴訟の
例が挙げられているものの，それほど多い数ではなかったとされる．その後
急激な経済成長と産業発展によって環境汚染は悪化し，1960 年代には水俣
病，イタイイタイ病及び四日市における呼吸器系疾患等の公害に起因すると
考えられる疾病等について，健康被害の救済を求める訴訟が相次ぎ，こうし
た訴訟への対応等を通じて公害法の分野が徐々に整備されることとなった．
すなわち 1959 年の水質二法（「公共用水域の水質の保全に関する法律」及び
「工場排水等の規制に関する法律」），1962 年のばい煙規制法等の規制制度の
導入にはじまり，1967 年の「公害対策基本法」の施行，さらに 1970 年第 64
回臨時国会（いわゆる「公害国会」）において公害関係法として 14 法が整備
されることとなった（表 1 参照）．
　公害対策基本法は，公害防止対策の基本的な事項とこれを実施するための
仕組みを規定した法律であり，当時あいまいであった事業者の責務を，「そ
の事業活動による公害を防止するために必要な措置を講ずるとともに，国又
は地方公共団体が実施する公害の防止に関する施策に協力する」（第 3 条）

表1　公害国会において成立した法律（1970 年）（筆者作成）

公害対策基本法（一部改正）	人の健康に係る公害犯罪の処罰に関する法律
道路交通法（一部改正）	農薬取締法（一部改正）
騒音規制法（一部改正）	農用地の土壌の汚染防止等に関する法律
廃棄物処理法	水質汚濁防止法
下水道法（一部改正）	大気汚染防止法（一部改正）
公害防止事業費事業者負担法	自然公園法（一部改正）
海洋汚染防止法	毒物・劇物取締法（一部改正）

と規定するとともに，環境基準の設定や排出規制，年次報告（白書）の提出，公害防止計画の作成などを位置付けた．1967 年の法制定時には，法律の目的として「生活環境の保全については，経済の健全な発展との調和が図られるようにする」という「経済発展との調和条項」が設けられていたが，公害国会における法改正によりこの部分が削除され，生活環境の保全が，経済発展に劣後するものではなく，国民の健康の保護とならぶ公害防止の目的として明確に位置付けられた．

　一方で，これら法令の整備は主に工場や事業場等の固定発生源に対する排出規制を中心としており，大規模発生源対策については 1980 年代までにある程度の成果をあげたものの，自動車排出ガス等の移動発生源や家庭・農業系排水等の不特定多数の発生源に対する対策については課題が残り，より多様な政策手法への必要性が示されることとなった（浅野，1994）．

　また自然環境保全については，明治時代から資源保護（林業，漁業等）の観点での規制政策が実施され，また自然保護の必要性がより高い地域への対応としては 1931 年に国立公園制度が設けられる等，公害対策より古い歴史が存在する．1957 年には公園利用と自然保護の目的を持つ「自然公園法」が制定された．その後，国立公園のような傑出した自然環境の保護・保全だけでなく，国土全体を対象にした自然環境保全を図る観点から，1972 年に「自然環境保全法」が制定され，同法に基づき 1973 年に「自然環境保全基本方針」が閣議決定され自然環境保全行政の方向性が示されることとなった．

　このように環境政策に関する法的枠組みとして，公害対策基本法と自然環境保全法を主柱として，環境政策の法体系が構築されていった．また，環境政策を長期的観点から総合的に推進していくことを目的として 1977 年に環

境保全長期計画が策定された．環境保全長期計画においては，土地利用の適正化，環境影響評価制度の確立など，地域環境全体を管理する施策が必要とされた．環境保全長期計画自体に法律的な根拠はないもののこの動きと並行して地方公共団体でも地域における環境管理計画策定の動きが推進されることとなった．

　一方1980年代に入ると，世界全体での政治課題として地球環境問題が着目されるようになり，気候変動，オゾン層破壊，海洋汚染，酸性雨等，地球環境と地域環境の関係性への関心が高くなっていった．これらの流れは1992年のリオ・サミットでの持続可能な開発に関する国際議論に結び付き，日本の環境行政にも大きな影響を及ぼすこととなった．

(2) 環境基本法

　リオ・サミットの準備と並行して議論が進められた結果，1993年に「環境基本法」が制定された．それまでの公害対策基本法，自然環境保全法に基づく，いわゆる第1世代環境政策の30年にわたる経験をも踏まえるとともにリオ・サミットへの議論を受けてさらに発展させ，また1980年代以降の新たな環境政策課題への対応を確実にする形で制定された．環境基本法は，「環境の保全について，基本理念を定め，並びに国，地方公共団体，事業者及び国民の責務を明らかにするとともに，環境の保全に関する施策の基本となる事項を定めることにより，環境の保全に関する施策を総合的かつ計画的に推進し，もって現在及び将来の国民の健康で文化的な生活の確保に寄与するとともに人類の福祉に貢献する」ことを目的としている（第1条）．環境基本法の概要について，図1に示す．

　環境基本法がもたらした主要な理念として次の3点を強調したい．

　1点目は，現在・将来世代に環境がもたらす恵みの確保という前向きな価値を目指すことである．環境基本法第3条においては「現在及び将来の世代の人間が健全で恵み豊かな環境の恵沢を享受するとともに人類の存続の基盤である環境が将来にわたって維持されるように適切に行われなければならない」と明記されている．

　2点目としては，持続可能な開発の考えを導入し，環境保全は環境を利用する者全ての参加により行うとした点である．環境基本法第4条では「環境

```
┌ 1．総則 ─────────────────────────────────────────────
│  ┌ 環境保全の基本理念（第3条〜第5条）
│  │ ① 現在及び将来の世代の人間が環境の恵沢を享受し，将来に継承
│  │ ② 全ての者の公平な役割分担の下，環境への負担の少ない持続的発展が可能な社会の構築
│  │ ③ 国際的協調による積極的な地球環境保全の推進
│  └ 各主体の責務（第6条〜第9条）　　国　　地方公共団体　　事業者　　国民
└──────────────────────────────────────────────────────

┌ 2．環境の保全に関する基本的施策 ───────────────────────────
│  ┌ 施策策定の指針（第14条）
│  │ ① 環境の自然的構成要素が良好に維持　② 生物多様性の確保等　③ 人と自然との豊かなふれあいの確保
│  ├ 環境基本計画の策定（第15条）
│  ├ 国の具体的施策
│  │ ・大気汚染，水質汚濁，土壌汚染，騒音に係る環境基準（第16条）　・環境の保全に関する教育・学習（第25条）
│  │ ・公害防止計画及びその達成の推進（第17,18条）　　　　　　　　・民間団体等の自発的な活動の促進（第26条）
│  │ ・環境配慮　　―国の施策の策定（第19条）　　　　　　　　　　・施策の策定に必要な調査の実施，監視等の体制の整
│  │ 　　　　　　　―環境影響評価の推進（第20条）　　　　　　　　　　備（第28,29条）
│  │ ・規制（第21条）　　　　　　　　　　　　　　　　　　　　　　・科学技術の振興（第30条）
│  │ ・経済的措置　―経済的助成，経済的負担による誘導（第22条）　・公害による紛争の処理（第31条）
│  │ ・環境への負荷低減に資する製品等の利用（第23条）　　　　　　・地球環境保全等に関する国際協力（第32〜35条）
│  ├ 地方公共団体の施策（第36条）
│  └ 費用負担等（第37〜40条）　　　原因者負担／受益者負担／国と地方の関係（第37〜40条）
└──────────────────────────────────────────────────────

┌ 3．環境の保全のための組織 ──────────────────────────────
│  ① 中央環境審議会の設置（第41条）都道府県，市町村の合議制の機関（第43,44条）② 公害対策会議の設置（第45,46条）
└──────────────────────────────────────────────────────
```

図1　環境基本法の概要（環境省，2003 を一部修正）

の保全は，社会経済活動その他の活動による環境への負荷をできる限り低減することその他の環境の保全に関する行動がすべての者の公平な役割分担の下に自主的かつ積極的に行われるようになることによって，健全で恵み豊かな環境を維持しつつ，環境への負荷の少ない健全な経済の発展を図りながら持続的に発展することができる社会が構築されること」を旨として行われなければならないとしている．

　3点目としては，国際的な観点から，地球を守るための国民の努力・役割の分担を求める点である．第5条では「地球環境保全が人類共通の課題であるとともに国民の健康で文化的な生活を将来にわたって確保する上での課題であること及び我が国の経済社会が国際的な密接な相互依存関係の中で営まれていることにかんがみ，地球環境保全は，我が国の能力を生かして，及び国際社会において我が国の占める地位に応じて，国際的協調の下に積極的に推進されなければならない」としている．

　環境基本法に基づき，環境基本計画を次項に解説する．また，横断的な環境政策として，環境基準と環境影響評価を以下に解説する．

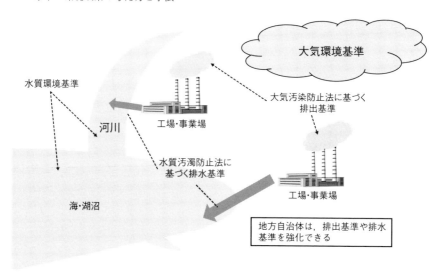

図2　環境基準と排出基準

環境基準

　環境基準については，前身の公害対策基本法の規定を引き継ぎ，環境基本法第16条において「環境上の条件について，それぞれ，人の健康を保護し，及び生活環境を保全する上で維持されることが望ましい基準」と規定されている．環境基準は行政上の政策目標であり，大気，水質，土壌，騒音について定められている．環境基準は，人の健康等を維持するための最低限度としてではなく，より積極的に維持されることが望ましい目標として位置付けられる．すなわち，そのレベルまで汚染されてもよいというのではなく，環境基準値を十分に下回っている状態でも可能な限りそうした状態を維持していく性格のものである．

　環境基準を達成するために，大気汚染防止法の排出基準や水質汚濁防止法の排水基準が設定され（図2参照），単体の規制では環境基準の達成が確保できない地域では地域全体での汚染物質の総量を削減する総量規制が導入された．換言すれば，環境基準の設定とその達成に向けた継続的な取組が公害対策の根幹を形成している．

　環境基準は，汚染物質の濃度と人の健康や生態系への影響との関係などの科学的知見によって定められる．したがって，重要な科学的知見の発見や蓄

積により，必要な改定がなされることになる．

環境影響評価

環境影響評価（環境アセスメント）とは，発電所の立地や道路の建設，埋立など環境に大きな影響を及ぼすおそれがある事業について，その事業の実施にあたり，あらかじめその事業の環境への影響を調査，予測，評価し，その結果に基づき，その事業について適正な環境配慮を行うものである．環境影響評価については，公害の未然防止，特に新規開発を抑制する観点から導入された経緯があったが，一方で情報公開と意見提出により住民参加を実現する手段としても期待されていた．日本では1981年に環境影響評価法案が国会に提出されたものの審議未了で廃案となり，1984年以降は閣議決定された要綱に基づき環境アセスメントが行われる形式が続いていた．

環境基本法第20条において国が環境影響評価を推進するため必要な措置を講ずることが規定されたことを踏まえ，1997年に環境影響評価法が制定された．現在，環境影響評価法等に基づき，道路やダム，鉄道，発電所などを対象にして，地域住民や専門家や環境担当行政機関が関与しつつ手続が実施されている．

なお環境基本法の対象範囲（スコープ）について，環境基本法では「環境」の定義そのものは記載していない．これは分野を確定することの難しさと併せて，将来の環境政策の範囲について自由度を確保する点も指摘されている（浅野，1995）．環境問題自体の範囲が拡大しつつあり，環境基本法のスコープも変わりうる点があることに留意が必要である．例えば放射性物質による環境汚染の防止については，長らく原子力基本法の下で位置付けられていたが，2011年3月11日東日本大震災後の東京電力福島第一原子力発電所事故を受けて法改正が行われ，環境法体系の下で対策を行うことが位置付けられた（環境省，2015）．

(3) 環境基本計画

環境基本法第15条において，政府は環境の保全に関する施策の総合的かつ計画的な推進を図るために「環境の保全に関する基本的な計画（環境基本

計画）」を閣議決定により策定することが定められている．環境基本計画は，環境の保全に関する総合的かつ長期的な施策の大綱，推進のために必要な事項等を含めることとされており，環境と経済・社会の統合という観点から，環境政策を国政の中核に位置付けることを可能としている．また環境基本法制定前から策定されていた「自然環境保全基本方針」や「地球温暖化防止行動計画」の上位計画として位置付けられるものとされている．さらに環境基本計画は，「閣議決定」を求めるものとして位置付けられ，第一次環境基本計画（1994）では「政府は，閣議のほか関連する閣僚会議や関係省庁連絡会議等の場を通じて緊密な連携を図り，環境基本計画に掲げられた環境の保全に関する施策を総合的かつ計画的に実施する」と明記している．例えば河川法や森林法等，政府が環境に関して定める他の計画等についても環境基本計画との調和が求められている．

　環境基本計画は，あらゆる主体の自主的，積極的取組を効果的に全体として促す役割も期待される．環境政策の実施には様々な公的部門，民間部門や市民セクターの参画が必須であり，環境基本計画の策定段階でできる限り多くの関係者の関与を得ることが重要であるとされた．

　環境基本法の制定を受け，最初の環境基本計画は 1994 年 12 月に策定された．この計画では今後の環境保全の施策の長期的目標と施策体系を①循環，②共生，③参加，④国際的取組の 4 つのキーワードによって整理している．これは公害防止，自然保全，地球環境保全の各分野が縦割りで分断して取り扱われることがないよう配慮したものとされている．その後，2000 年に第二次環境基本計画が策定され，「理念から実行への展開」と「計画の実効性の確保」の二点に重点が置かれ，重点的に取り組むべき分野の特定や推進体制・進捗点検の強化が行われた．第三次環境基本計画（2006 年）では今後の環境政策の展開の方向性として「環境的側面，経済的側面，社会的側面の統合的な向上」を掲げ，定量的な目標・指標による進行管理を図った．第四次環境基本計画（2012 年）では持続可能な社会を目指し，「低炭素」，「循環」，「自然共生」の各分野を統合的に達成することに加え，「安全」がその基盤として確保される社会と位置付けた．2018 年には第五次環境基本計画が策定され，2015 年の SDGs，パリ協定採択を受けて環境・経済・社会の統合的向上を具体化すること，地域資源を持続可能な形で活用すること（地域

表2　環境基本計画の変遷（筆者作成）

	策定年	特色
第一次環境基本計画	1994年	環境保全の施策体系を「循環」，「共生」，「参加」及び「国際的取組」に整理
第二次環境基本計画	2000年	「理念から実行への展開」と「計画の実効性の確保」
第三次環境基本計画	2006年	「環境的側面，経済的側面，社会的側面の統合的な向上」
第四次環境基本計画	2012年	持続可能な社会の位置付け：「低炭素」，「循環」及び「自然共生」の各分野を統合的に達成することに加え，「安全」がその基盤として確保される
第五次環境基本計画	2018年	2015年のSDGs，パリ協定策定を受けて環境・経済・社会の統合的向上を具体化すること，パートナーシップの強化．（日本初のSDGsを反映した閣議決定計画）

循環共生圏の創造），幅広い関係者とのパートナーシップの強化を掲げている．なお第五次環境基本計画は，2015年SDGs採択以降，国内で初めてSDGsを国家レベルの計画（閣議決定）に反映させたものである（表2）．

(4) 環境基本法に基づく各分野の施策
　環境基本法を基盤に発展してきた環境政策について，現在は下記のような分野に分類することができる．

- 地球環境問題…地球温暖化防止，オゾン層保護，越境汚染（大気・海洋），開発途上国に対する環境協力等．
- 循環型社会の形成…資源効率性の向上，循環経済の確立，廃棄物の発生抑制，リユース，リサイクル，適正処理．
- 生物多様性・自然共生…健全な生態系の維持・回復，自然と人間との共生，自然の恵みの享受．
- 環境リスクの管理…大気，公共用水域，地下水，土壌等の汚染・汚濁の防止や，有害化学物質による環境汚染の防止としての化学物質管理，公害によって健康被害を受けた人々の保護，健康の確保といった環境保健対策．
- 大規模災害発生への対応…東日本大震災からの復興に関して，除染，放射性物質に汚染された廃棄物の処理，特定復興再生拠点の整備，資源循環を通じた復興等．また自然災害への対応として，災害廃棄物の処

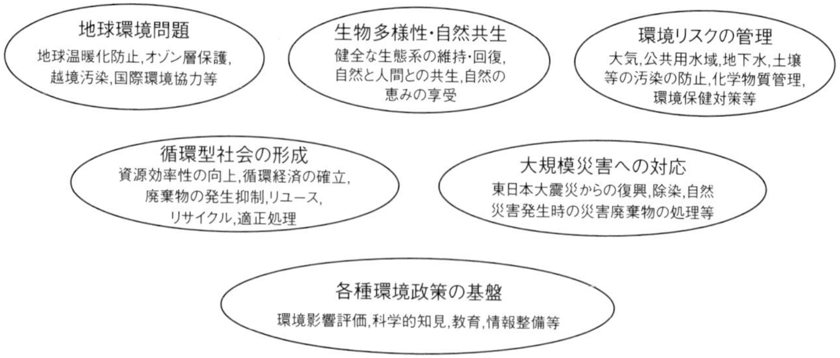

図3　環境政策の分野（筆者作成）

　　　　理，被災地の環境保全対策等．
- 各種環境政策の基盤…環境政策の実施にあたって基盤となる，環境影響
　　評価，科学的知見の充実，教育を通じた人材育成，情報整備等

が挙げられる（図3）．

　上記のうち，大気・水環境等の生活環境の保全や廃棄物分野の政策につい
ては，激甚な公害など国内や地域的な問題への対応として展開されてきたが，
その後，国際的な動向が政策に影響を及ぼすようになった経緯がある．一方
で，気候変動や化学物質，生物多様性等の分野については，国際的な議論を
受けて国内で対応する形で政策展開が行われてきた経緯がある．

(5) 環境政策を推進する体制

　環境政策の枠組み作りにおいて，日本の国レベルでは環境省が中心的な役
割を担っている．環境省の前身である環境庁は，公害に係る行政の一元化を
図るとともに自然環境に係る行政及び政府の環境政策についての企画調整機
能を有する行政機関として，1971年に発足した．その後中央省庁再編の際，
中央省庁等改革基本法(1998年)において「専ら環境の保全を目的とする制
度並びに事務及び事業については，環境省に一元化すること」「…目的及び
機能の一部に環境の保全が含まれる制度並びに事務及び事業については，環
境省が環境の保全の観点から，基準，指針，方針，計画等の策定，規制等の
機能を有し，これを発揮することにより，関係府省と共同で所管すること」
と明記され，国政が追求すべき公益としての環境が位置付けられるとともに，

それまでの任務に加え廃棄物部門を統合する形で 2001 年に環境省に昇格した.

　環境政策の実施においては，国レベルでは環境省に加えて経済産業省や国土交通省，農林水産省など様々な省庁が，関連する個別の施策や事業に関わっている. また，都道府県や市町村の地方公共団体においても，当該地域の環境政策について，法律や条例，要綱等に基づき実施されている. 特に，深刻な大気汚染や水質汚濁といった公害克服の過程において，地方公共団体が果たしてきた役割について留意する必要がある.

　また，環境政策の企画，立案，実施の全てにおいて，多様な主体の参画が重要である. リオ・サミット後に策定された環境基本法でも様々な主体による責務を位置付けており，市民社会，民間企業，研究機関等様々なステークホルダーがパートナーシップを構築して環境政策を推進していくことが必要である.

引用文献

浅野直人（1994）日本の環境法の展開と環境基本法の論点. 環境研究，No. 93: 26-38.

浅野直人（1995）環境基本計画の下での環境法の課題. 環境研究，No. 98: 11-18.

環境省（2003）環境基本問題懇談会資料（第 1 回）.

環境省（2015）中央環境審議会「環境基本法の改正を踏まえた放射性物質の適用除外規定に係る環境法令の整備について（意見具申）」（平成 24 年 11 月 30 日）を踏まえたその後の対応状況等について.

環境省（2018）環境基本計画. www.env.go.jp/policy/kihon_keikaku/

小林光（2012）リオの地球サミットとその日本へのインパクト. 環境研究，No. 166: 5-12.

第 I 部

環境問題への対応

第1章　大気環境

　本章では，大気汚染を原因とする公害に対処した経験にまず触れる．そして，大気汚染の原因物質の概要と対策について記述したのち，大気環境の現状と大気環境を保全する国内政策について解説する．また，PM$_{2.5}$などの越境大気汚染や，水銀に象徴される地球規模の大気汚染について取り上げ，今後の課題と展望について記述する．

1.1　大気汚染の原因と対策

(1) 大気汚染を原因とする公害

　日本では，1950年代後半からの高度経済成長期において，四日市ぜんそくなど大気汚染の影響による呼吸器系疾患の健康被害が全国各地で発生し，深刻な公害を経験した．これらの公害事案に対し，官民挙げて対策に取り組んだ結果，大気汚染を克服し，その過程で今日の大気環境保全政策の基礎が築き上げられた．そのうち，公害健康被害者への対応については，汚染原因者等の負担を前提とし民事責任を踏まえた損害を補償する制度として，1973年に「公害健康被害補償法」（1987年に「公害健康被害の補償等に関する法律」に改正）が制定され，同法に基づく公害健康被害補償制度が開始された．

コラム　公害健康被害補償制度

　公害健康被害補償制度では，第一種地域（相当範囲の著しい大気汚染による気管支ぜんそく等の疾病が多発している地域）か，第二種地域（水俣病やイタイイタイ病等原因物質との因果関係が明らかな疾病が多発している地域）に一定期間在住し，一定の疾病にかかっているとして都道府県知事等が

認定した者が補償の対象となる.

　補償給付等の財源は，第一種地域では工場等からの汚染負荷量賦課金（8割）と自動車重量税からの引き当て（2割），第二種地域では汚染原因者からの特定賦課金である．第一種地域として 41 地域が指定されていたが，大気環境の改善などを理由に 1988 年に全ての地域の指定が解除され，新たな患者の認定は行われなくなった．指定解除前に認定を受けた場合には補償が継続され，2018 年 12 月末時点での旧第一種地域の被認定者数は 3 万 2142 人となっている（第二種地域は 538 人）.

　また，高度経済成長期に著しい大気汚染に直面した四日市市や北九州市においては，全国に先駆けて条例や公害防止協定に基づく先進的な取組を導入し，公害の克服に努めた結果，大気環境汚染を大幅に改善させるに至った.

(2) 大気汚染の原因物質

　大気汚染物質は，肺や気管などの呼吸器への影響を含め，人の健康や生態系に様々な影響を及ぼす．表 1.1 に代表的な大気汚染物質の汚染源とその影響の例を記す.

　表 1.1 に記した代表的な大気汚染物質には，環境基本法に基づく環境基準が表 1.2 のとおり設定されている．また，長期曝露による健康リスクが懸念される有害大気汚染物質として，ベンゼン，トリクロロエチレン，テトラクロロエチレン，ジクロロメタンについても環境基準が設定されている.

(3) 大気汚染の発生源と対策技術

　硫黄酸化物（SOx）や窒素酸化物（NOx），一酸化炭素などの大気汚染物質は，石炭や石油などの化石燃料や廃棄物の燃焼により排出される．その排出源は，ボイラーやタービンなどの固定発生源と，自動車を中心とする移動発生源に分けられる.

　硫黄酸化物は，化石燃料中の硫黄分が燃焼することで発生し，その大部分が二酸化硫黄（SO_2）である．このため，その排出抑制対策技術としては，硫黄分を含まない燃料への代替や燃料中の硫黄分の除去（脱硫）が挙げられる．燃焼後の排ガスに含まれる硫黄酸化物の除去方法の例として，炭酸カル

表 1.1　代表的な大気汚染物質の汚染源と影響（筆者作成）

大気汚染物質	発生源	代表的な影響例
一酸化炭素（CO）	化石燃料・廃棄物の不完全燃焼	• 血液中のヘモグロビンと結合し，酸素運搬機能を阻害することで酸素欠乏に敏感な中枢神経や心筋に影響
二酸化窒素（NO$_2$）	化石燃料・廃棄物の燃焼	• 呼吸機能への影響
二酸化硫黄（SO$_2$）	化石燃料・廃棄物の燃焼，火山活動，鉱石の精錬	• 呼吸機能への影響 • 緑色部分の白化や生育抑制など植物への影響
光化学オキシダント（Ox）	大気中での光化学反応による生成	• 粘膜への刺激 • 呼吸器への影響 • 色素形成や生育抑制など植物への影響
粒子状物質（PM）	化石燃料・廃棄物の燃焼，建築物の解体	• 呼吸器への影響 • 視界の悪化

シウム（石灰石）や水酸化カルシウム（消石灰）の溶液に SO$_2$ を吸収させる石灰石・消石灰スラリー吸収法や，水酸化ナトリウムを SO$_2$ の吸収剤とする水酸化ナトリウム吸収法などがある．

　窒素酸化物（NOx）には，燃料中の窒素が燃焼の際に酸化されて発生するフューエル NOx（fuel NOx）と，空気中の窒素が燃焼時の高温により酸化されて発生するサーマル NOx（thermal NOx）がある．燃焼時に排出される窒素酸化物のほとんどは一酸化窒素（NO）であるが，大気中での酸化により二酸化窒素（NO$_2$）となる．NO と NO$_2$ を合わせて窒素酸化物（NOx）と称している．窒素酸化物の排出抑制対策技術の例としては，酸素濃度や火炎温度などを調節する燃焼管理や，排煙脱硝技術として煙道に吹き込んだアンモニアを NO と反応させ，NO を窒素ガス（N$_2$）に還元するアンモニア接触還元法がある．また，ガソリン自動車の排ガス対策技術として，白金・パラジウム・ロジウムを用いた触媒で炭化水素・一酸化炭素・窒素酸化物を同時に酸化または還元し，水・二酸化炭素・窒素として排出する三元触媒の技術もよく知られている．

表 1.2　大気汚染に関する環境基準（環境省，2019a）

物質	環境上の条件	物質	環境上の条件
二酸化硫黄（SO$_2$）	1 時間値の 1 日平均値が 0.04 ppm 以下であり，かつ，1 時間値が 0.1 ppm 以下であること．	微小粒子状物質（PM$_{2.5}$）	1 年平均値が 15 μg/m^3 以下であり，かつ，1 日平均値が 35 μg/m^3 以下であること．
一酸化炭素（CO）	1 時間値の 1 日平均値が 10 ppm 以下であり，かつ，1 時間値の 8 時間平均値が 20 ppm 以下であること．	ベンゼン	1 年平均値が 0.003 mg/m^3 以下であること．
浮遊粒子状物質（SPM）	1 時間値の 1 日平均値が 0.10 mg/m^3 以下であり，かつ，1 時間値が 0.20 mg/m^3 以下であること．	トリクロロエチレン	1 年平均値が 0.13 mg/m^3 以下であること．
二酸化窒素（NO$_2$）	1 時間値の 1 日平均値が 0.04 ppm から 0.06 ppm までのゾーン内またはそれ以下であること．	テトラクロロエチレン	1 年平均値が 0.2 mg/m^3 以下であること．
光化学オキシダント（Ox）	1 時間値が 0.06 ppm 以下であること．	ジクロロメタン	1 年平均値が 0.15 mg/m^3 以下であること．

注）トリクロロエチレンの基準値は，2018 年 11 月に改訂された（改訂前の基準は 1 年平均値が 0.2 mg/m^3 以下）．

1.2　大気環境の改善

　日本の大気環境の状況については，大気汚染対策の進展により，全体として改善が進んでいる．これは，環境省が毎年公表している，国や地方公共団体による大気汚染の常時監視結果から見て取れる．環境省（2019a）によれば，大気汚染の測定局は，全国で 1873 局設置されており（2017 年度末），その内訳としては，一般環境大気の汚染状況を常時監視する一般環境大気測

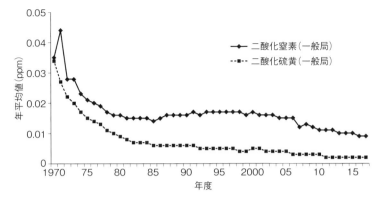

図 1.1　二酸化硫黄及び二酸化窒素の大気中濃度（年平均値，一般環境大気測定局の平均）の推移（環境省，2019a）

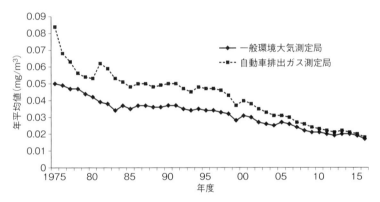

図 1.2　浮遊粒子状物質の大気中濃度（年平均値，全国平均）の推移（環境省，2019a）

定局（以下「一般局」という）が 1464 局，交差点や道路付近の大気の汚染状況を常時監視する自動車排出ガス測定局（以下「自排局」という）が 409 局となっている．

　二酸化硫黄（SO$_2$），二酸化窒素（NO$_2$）及び浮遊粒子状物質（Suspended Particulate Matter; SPM）の大気中濃度（年平均値）については，1970 年代より低減傾向にある（図 1.1 及び図 1.2 参照）．これらの物質の 2017 年度の環境基準達成率は，一般局，自排局とも 99% 以上となっている．SO$_2$ 及び SPM が一般局で 2 局，NO$_2$ は自排局で 1 局のみ非達成であった．

　自動車による大気汚染が顕在化していた地域においても，後述する「自動車から排出される窒素酸化物及び粒子状物質の特定地域における総量の削減等に関する特別措置法」（自動車 NOx・PM 法）に基づく取組や，自動車単体対策の進展，一部地方公共団体による流入規制などが功を奏して，対策地域内の NO_2 濃度や SPM 濃度は減少傾向にある．2017 年度の対策地域での環境基準達成率は，NO_2 が一般局で 100%，自排局で 99.5% であり，自排局 212 局のうち 1 局（東京都，環七通り松原橋）のみ非達成であった．SPM の環境基準達成率は一般局，自排局とも 100% となっている．

　このほか一酸化炭素（CO）の 2017 年度の環境基準達成率も一般局，自排局とも 100% であった．一方で，光化学オキシダント（Ox）の環境基準達成率は全ての一般局及び自排局で未達成となっている．

　有害大気汚染物質の 2017 年度の測定結果（環境省，2019b）を見ると，ベンゼン（測定地点数：405），トリクロロエチレン（測定地点数：358），テトラクロロエチレン（測定地点数：360），ジクロロメタン（測定地点数：366）とも年平均値が環境基準を超えた地点は存在しなかった．

　なお，環境省大気汚染物質広域監視システム（通称「そらまめ君」）のウェブサイトでは，各大気汚染常時監視測定局において測定された大気汚染物質の 1 時間値（速報値）を常時提供している．

コラム　大気汚染を克服した都市

　かつて大気汚染の影響が顕著であった工業都市では，官民挙げて大気汚染対策を講じた結果，大気汚染を克服し，その貴重な経験をもとに現在は環境

(a)

(b)

図 1.3　北九州市における大気汚染の改善（北九州市，2019）
(a) 1960 年代，(b) 現在．

保全に力を入れているところが多い. 四日市市では「四日市公害と環境未来館」において公害や環境に対する展示を行い, 大阪市西淀川区では公益財団法人公害地域再生センター（愛称：あおぞら財団）が公害の経験を伝える各種の活動を行い, 北九州市は SDGs 未来都市として選定され地域エネルギー次世代モデル事業などを展開している.

コラム　深刻化する世界の大気汚染

　日本の大気環境は改善されてきたが, 途上国での大気汚染は深刻化している. 世界保健機構（WHO）は, 世界の 420 万人が 2016 年に大気汚染が原因で死を早める結果となり, このうち 91% が中低所得国で生活していることや, 心筋梗塞や狭心症など心臓血管の病気と大気汚染との関連を示すデータがより多く示されてきていることを報告している（WHO, 2018）. 一方で, WHO は, より多くの国が大気汚染対策に取り組むようになってきていると報告している.

1.3　国内の政策

　1970 年の公害国会（序章 p. 4 参照）を境に, 大気汚染に関する環境基準の達成を目標に, 大気汚染防止法をはじめとする制度の整備など大気汚染対策の進展が見られた. 一方で, 大気中の化学反応に由来する光化学オキシダントや, 建築物の解体や改修時に飛散するアスベスト（石綿）の対策, また次節で紹介する $PM_{2.5}$（微小粒子状物質）や水銀の対策は, 従来とは異なるアプローチが求められており, 現在の大気汚染行政の主たる課題となっている.

(1) 大気汚染防止法

　「大気汚染防止法」は, 大気汚染に関して, 国民の健康を保護するとともに, 生活環境を保全することなどを目的としており, 日本の大気汚染対策の柱として位置付けられる. 1968 年に従来の「ばい煙の排出の規制等に関する法律」が大気汚染防止法に改称され, 1970 年の公害国会での改正で, 全国的規制の導入, 上乗せ規制（都道府県等による国の排出基準より厳しい基準に基づく規制）の導入, 規制対象物質の拡大, 排出基準違反に対する直罰

制の導入，燃料規制の導入，粉じん規制の導入等がなされ，現在の骨格ができた．1972年には無過失損害賠償責任（排出事業者は，故意または過失がない場合でも排出によって生じた損害を賠償する責任を負う），1974年には総量規制制度の規定が追加された．

　その後も大気汚染防止法は累次にわたり改正され，現在の大気汚染防止法の体系は図1.4に示すとおりである．大気汚染防止法の改正の歴史は，日本の大気汚染対策の歩みとも言える．

　大気汚染防止法では，工場及び事業場における事業活動に伴う「ばい煙」の規制を規定している．ばい煙とは，物の燃焼等に伴い発生する硫黄酸化物，ばいじん（すす），窒素酸化物などを指し，法規制の対象となる施設は「ばい煙発生施設」として指定されている．大気汚染物質の種類ごと，施設の種類・規模ごとに排出基準が定められており，ばい煙発生施設が排出基準を超えたばい煙を排出した場合には，故意，過失を問わず違反者に対して直罰が科せられたり，都道府県等により改善命令や施設の一時使用停止命令を受けることがある．排出基準の遵守を確保するため，施設の設置や変更等に関する事前の届出や，排出されるばい煙量・濃度の測定，結果の記録などが事業

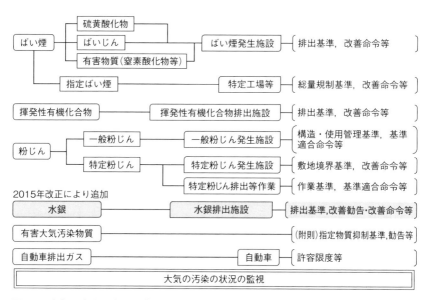

図1.4 大気汚染防止法の体系（筆者作成）

者に義務付けられている.

　単体の規制のみでは環境基準の達成が困難な地域においては, 総量規制として, 地域全体で許容される排出総量から割り出された工場単位の排出量の基準（硫黄酸化物及び窒素酸化物について設定）を大規模工場に適用することも規定している.

　こうした排出規制は煙突からの排出ガスの濃度などを規制するものであり, これをどのように達成するかは事業者に委ねられている. 事業者は, 排ガス処理装置の設置等によるエンド・オブ・パイプ型の対策（排出段階での対策）だけでなく, 石炭・石油からガス燃料への転換やクリーナー・プロダクションと呼ばれる生産工程の改善による製造段階での対策を選択することができる.

　自動車排ガスについては, 環境大臣が大気汚染防止法に基づき自動車排出ガスの量の許容限度を定め, 国土交通大臣が道路運送車両法の規定に基づく道路運送車両の保安基準によってこの許容限度が確保されるよう自動車の構造, 装置について具体的に規制することにより行われている.

　また大気汚染防止法では, 低濃度であっても長期的な摂取により健康影響が生ずるおそれのある「有害大気汚染物質」について, 国や地方公共団体の施策, 事業者の責務, 国民の努力を規定している. 有害大気汚染物質に該当する可能性のある物質として248種類, そのうち特に優先的に対策に取り組むべき物質（優先取組物質）として23種類がリストアップされている. 優先取組物質のうち, 早急に排出抑制を行わなければならない物質（指定物質）として, ベンゼン, トリクロロエチレン, テトラクロロエチレンの3物質が指定され, 排出抑制基準が定められている.

　このほか, 大気汚染防止法では, 大気汚染状況の常時監視, 業者によるばい煙の測定義務や都道府県等による立入検査, 事故時や緊急時の措置などについて規定している.

コラム　日本版マスキー法（自動車排出ガス規制）の実現

　米国では, 光化学スモッグなど深刻な大気汚染への対応として, 1970年, 民主党のマスキー上院議員により, 大気清浄法の改正（Clean Air Amend-

ment Act of 1970, 通称「マスキー法」という）が提案され, 自動車排出ガ
スの 9 割削減を目指したが, 自動車業界側の反発を招き, 実施に関して延期
及び緩和措置がとられた. 一方日本では, 1978 年度（昭和 53 年度）に「マ
スキー法」と同様の排出ガス規制が, 大気汚染防止法に基づく自動車排出ガ
ス規制（53 年度規制）により実施され, 乗用車から排出される窒素酸化物
の量を未規制時に比べ 90% 以上削減することとなった. この導入にあたっ
ては, 当時の技術水準では不可能であり, 日本の自動車産業の対外的競争力
を失わせるという反発が起きたものの, エンジン技術の進展により 1978 年
度（昭和 53 年度）までに国内の全ての自動車メーカーで新しい排出ガス基
準を満たす自動車の生産が可能になった. このことが, その後の日本の自動
車産業にとって, 米国への進出につながり, 大きな成長に資したと言われて
いる（鷺坂, 2017）. 環境規制の導入による技術の促進と経済発展への好影
響の一例と言える.

(2) 自動車 NOx・PM 法

　大都市地域の大気汚染の主たる原因となっていた自動車から排出される窒
素酸化物の総量削減を図るため,「自動車から排出される窒素酸化物の特定
地域における総量の削減等に関する特別措置法」（自動車 NOx 法）が 1992
年に制定された（同年 12 月施行）. これは, 自動車単体の排出ガス規制な
どの措置のみによっては大気環境基準の確保が困難な地域を指定し, 総合的
な対策を行う法律であり, 対策地域として, 首都圏, 愛知・三重圏, 大阪・
兵庫圏が指定された.

　同法に基づく「自動車排出窒素酸化物の総量の削減に関する基本方針」
（以下「総量削減基本方針」）は二酸化窒素の環境基準を 2000 年度までにお
おむね達成することを目標としたが, 目標達成が困難な状況であったことか
ら, 窒素酸化物対策の強化や対象物質への粒子状物質の追加等を実施すべく,
2001 年に自動車 NOx 法が改正され,「自動車から排出される窒素酸化物及
び粒子状物質の特定地域における総量の削減等に関する特別措置法」（自動
車 NOx・PM 法, PM は Particulate Matter の略）が 2002 年から施行され
た. その後, 大気汚染の状況は全体として改善傾向が見られたものの, 大都
市圏を中心に環境基準を達成していない測定局が依然として残っていたこと

から，局地汚染対策（重点対策地区制度）及び流入車対策（周辺地域内自動車に関する措置）を内容として 2007 年に自動車 NOx·PM 法の改正がなされ，2008 年に施行された．また，2003 年 10 月より，東京都・神奈川県・埼玉県・千葉県において条例で定める PM の基準に適合しないディーゼル車の都県内（島部を除く）の運行を禁止する規制が開始されるなど，対策地域内の地方公共団体においても取組が進んだ．

　自動車 NOx·PM 法の下で，2011 年に改正された総量削減基本方針では，「平成 32（2020）年度までに対策地域において二酸化窒素及び浮遊粒子状物質に係る大気環境基準を確保する」ことを目標としている．この総量削減基本方針に沿って，対象地域の 8 都府県における総量削減計画の策定と進行管理，車種規制の実施（基準不適合の大型車等の対策地域内での使用禁止），事業者に対する措置（自動車使用管理計画の策定，実績報告），その他の施策（自動車単体対策の強化，低公害車・エコドライブの普及促進，交通需要の調整，交通流対策の推進，局地汚染対策の推進等）が実施されている．

コラム　特定特殊自動車排出ガスの規制等に関する法律

　大気汚染物質を排出する移動発生源には，乗用車やバス・トラックだけではなく，ブルドーザーや油圧ショベル，フォークリフトなども含まれる．こうした道路運送車両法の規制対象外である，公道を走行しない（オフロード）特殊自動車の排出ガス量の全体に占める割合が増えてきたことから，2005 年に「特定特殊自動車排出ガスの規制等に関する法律」（オフロード法）が制定された．この法律では，オフロード特殊自動車のエンジンや車両について技術基準を定め，これに適合しないものは国内で使用できないことを定めている．

---

(3) 光化学オキシダント対策

　1970 年 7 月，東京都杉並区で運動中の女子高校生が集団で呼吸困難，目や咽頭の痛みなどを発症し，光化学オキシダントによる大気汚染が原因であると特定された．光化学オキシダントによる大気汚染は，日ざしが強く，気温の高い日に発生し，その影響として，目がチカチカする，のどが痛むなど，目やのどなどの粘膜に対する被害が報告されている．

　光化学オキシダントは，大気中の窒素酸化物や揮発性有機化合物（Volatile Organic Compounds; VOC）が，太陽からの紫外線を受けて光化学反応を起こした結果として生成される二次汚染物質であり，そのほとんどがオゾンである．成層圏（高度 10-50 km）でのオゾンは紫外線を吸収して地上への紫外線の影響を防いでいるが，より地上に近い対流圏でのオゾンは大気汚染物質として位置付けられる．

　光化学オキシダントによる大気汚染は現在でも発生している．都道府県知事等は，光化学オキシダント濃度の 1 時間値が 0.12 ppm 以上で，気象条件から見てその状態が継続すると認められる場合に，大気汚染防止法に基づき光化学オキシダント注意報を発令する．環境省（2019c）によれば，この延べ発令日数は，1973 年に 326 日とピークを記録し，その後，年変動を経つつ，2018 年においても延べ日数で 80 日を記録している．被害の届出人数は，1971 年に 4 万 8118 人と最大値を記録したが，近年は 100 人以下のケースが多く，2018 年は 13 人であった．なお，光化学オキシダント警報（1 時間値が 0.24 ppm 以上で，気象条件から見てその状態が継続すると認められる場合に発令）は，2005 年の 1 件を最後に発令されていない．

　光化学オキシダントの対策として，その前駆物質である窒素酸化物や VOC の削減を進める必要がある．窒素酸化物においては，大気汚染防止法や自動車 NOx・PM 法に基づく削減対策が実施されている．

　VOC は，トルエンやキシレン，酢酸エチルなど蒸発しやすい有機化合物の総称であり，塗料や接着剤，インク等に溶剤として含まれる．VOC についても 2006 年より大気汚染防止法による排出規制が開始された．これは，塗装施設や接着施設など VOC 排出量の多い施設を法規制の対象とするほか，事業者の自主的取組とのベストミックスにより効率的に VOC の排出抑制を目指すものである．こうした排出抑制対策の実施により 2000 年度に比べて 2014 年度の VOC 排出量はおよそ半減しており，これまでの VOC 排出量削減により光化学オキシダント濃度の改善傾向が見られることが指摘されている．

（4）アスベスト（石綿）対策

　アスベスト（石綿）は天然の繊維状の鉱物であり，例えばクリソタイル

（白石綿）の一般的な化学式は $Mg_6Si_4O_{10}(OH)_8$ で表される含水珪酸マグネシウムである．アスベストは，耐熱性などに優れていることから，建材などに幅広く用いられてきた．便利である一方で，繊維が非常に細く，その粉じんを吸入することにより，中皮腫や肺がんなどの健康影響を引き起こすおそれがあることが知られている．中皮腫は，中皮細胞から発生するがんであり，そのほとんどがアスベストを吸ったことにより発生するが，アスベストを吸ってから中皮腫が発生するまでの期間は平均で 40 年ほどと言われており，潜伏期間が長いのが特徴である．

　石綿の種類により健康影響に差があり，中皮腫の場合，クロシドライト（青石綿）の危険性が最も高く，アモサイト（茶石綿）がこれに次ぎ，クリソタイルはクロシドライト，アモサイトよりも危険性が低いと言われている．

　アスベストについては，かねてより労働安全衛生の観点からの対策が講じられてきたが，大気汚染防止の観点からは，1989 年の大気汚染防止法の改正により，アスベスト製品製造工場に対する規制が導入され，これに基づく敷地境界基準（大気中の石綿の濃度が 1 リットルにつき 10 本）が設定された．その後，阪神・淡路大震災による倒壊ビルの解体に伴うアスベストの飛散への対応が契機となって，1996 年に大気汚染防止法が改正され，吹付けアスベストが使用されている建築物の解体等の作業に対する規制が開始された．それ以降も大気汚染防止法の改正によりアスベスト対策が強化されてきている．2006 年には，アスベストが使用されている工作物（例：ボイラーや配管に保温材や耐火被覆材として張り付けられているアスベスト）の解体等の作業の規制，2013 年には，工事発注者または自主施工者の責任の強化や都道府県知事等による立入検査の対象の拡大などが規定された．これらに基づき，解体工事の受注者による事前調査の実施や，法規制の対象となるアスベスト含有建築材料を含む解体作業においては発注者による事前の届け出や工事実施時の作業基準の遵守などが求められている．

　なお現在では，労働安全衛生法により，アスベストが 0.1 重量 % を超える製品の輸入や製造は全面的に禁止されている．また 2006 年には，「石綿による健康被害の救済に関する法律」が制定され，アスベストによる指定疾病に罹患した人への救済措置が講じられることになった．さらに，大規模な地震などが発生した際の被災建築物等からのアスベストの飛散防止の観点から，

環境省では「災害時における石綿飛散防止に係る取扱いマニュアル」を策定・公表している．今後は，現在の法規制の対象外である成形板等の石綿含有建材への対応が課題になるものと考えられる．

1.4　国際的な動向

　日本国内において激甚な大気汚染への対応に一定の成果を上げてきた一方で，1980 年代に入ると国境を越えた大気汚染が新たな課題として認識されるに至った．環境庁（現在の環境省）が酸性雨の調査に着手したのは 1983 年である．これらの問題は，近隣諸国の経済発展が主たる原因の一つであり，$PM_{2.5}$（微小粒子状物質）による越境汚染は日本でも大きな関心を集めている．また，大気環境政策が対象とする範囲はさらに拡大しており，地球規模の水銀汚染に対応するため「水銀に関する水俣条約」（第 5 章参照）の採択を受け，大気汚染に関する規定を実施するための国内の対策が強化された．

(1)　越境大気汚染

微小粒子状物質（$PM_{2.5}$）

　$PM_{2.5}$ は，粒径 2.5 μm（1 μm は 0.001 mm）以下の特に小さな粒子であり，これまで対策が進められてきた浮遊粒子状物質（SPM，10 μm 以下の粒子）に比べて肺の奥深くまで入りやすく，呼吸系への影響のほか，肺がんリスクの上昇や循環器系への影響が懸念されている．

　$PM_{2.5}$ に代表される粒子状物質は，単独の化学物質ではなく，硫酸塩，硝酸塩，有機化合物等から構成される混合物の固体や液体（エアロゾルと呼ばれる）である．$PM_{2.5}$ の成分を構成するものとして，ボイラーや焼却炉などの固定発生源から排出されるものや，自動車や船舶などの移動発生源から排出されるもの，大気中の化学反応により蒸気圧の低い物質に変化して粒子化したもの，そして火山などの自然発生源によるものがある．

　$PM_{2.5}$ は様々な成分によって構成されることから，どのような成分が含まれているかの分析が行われている．$PM_{2.5}$ の成分分析は，2017 年度には通年（四季）で 189 地点において実施された（環境省，2019a）．この結果によれば，道路沿道では元素状炭素の割合が他の地点より高いこと，バックグラウンド

(a)　　　　　　　　　　　　　(b)

図 1.5　中国・北京の $PM_{2.5}$ 汚染の状況（井上直己氏撮影，2014）
$PM_{2.5}$ 濃度は気象条件により 1 日で大きく変化する．(a) 2014 年 10 月 25 日，(b) 2014 年 10 月 26 日．

（近隣に発生源のない地点）では硝酸イオン，元素状炭素の割合が低く，硫酸イオンの割合が高いことが明らかとなった．

　$PM_{2.5}$ の原因としては，国内に起因するものと越境汚染によるものがあるため，その対応としては，国内対策と越境汚染対策の両方が必要である．2015 年 3 月の中央環境審議会大気・騒音振動部会微小粒子状物質等専門委員会の中間取りまとめでは，$PM_{2.5}$ について，越境汚染の影響は西日本などで大きいが，国内発生源も一定の寄与割合を占めており，その影響が示唆されることから，国内における排出抑制対策を着実に進めることが必要とされた．

　2013 年 1 月，中国で $PM_{2.5}$ による深刻な大気汚染が発生し，日本への影響が懸念される事態が生じた．中国では，急激な経済成長に伴う大気汚染が大きな課題となっている．北京の $PM_{2.5}$ 濃度は 2015 年 12 月 1 日に 464 μg/m^3，同 25 日に 537 μg/m^3（日本の環境基準は 1 日平均値 35 μg/m^3 以下）を記録し，赤色警報（最も重度の汚染警報）が発令された．これに基づき，北京では小中学校や幼稚園の休校呼びかけ，市内を走行する自動車のナンバープレート規制，一部の工場の操業停止措置等がとられた．このようにかつては気象条件等により高濃度が観察されたものの（図 1.5 参照），様々な対策が講じられたこともあって，環境省（2019a）によれば，中国の $PM_{2.5}$ 濃度（年平均値）は，近年，低減傾向にある（図 1.6）．

　大気環境の改善は，東アジアでの重要なテーマとなっている．2018 年 5

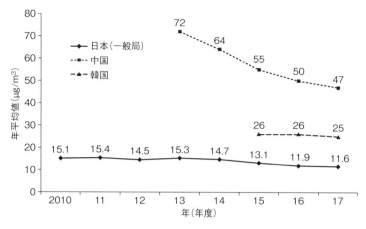

図1.6 日中韓の PM$_{2.5}$ 濃度（年平均値）の推移

　月に東京で開催された第7回日中韓サミットの共同宣言では，「日中韓三ヵ国環境大臣会合（Tripartite Environment Ministers Meeting: TEMM）の下で進行中の3ヵ国の協力活動によって達成された進展を歓迎し，大気汚染及び海洋ごみの予防，循環経済及び資源効率性の促進といった共通の利益に関する課題に対処するための共同の取組を支持し，促進することへのコミットメントを再確認」する旨が盛り込まれ，大気汚染が共通の課題であることが確認された．また2015年4月に上海で開催された日中韓三ヵ国環境大臣会合において，「環境協力に係る日中韓三ヵ国共同行動計画（2015-2019年）」が採択された．この中で大気環境改善は優先分野の一つとされ，「大気汚染に関する日中韓三ヵ国政策対話」を通じて情報・経験の共有を進めるとともに，新たに政策対話の下に設置された大気汚染に関する2つのワーキンググループ（「対策に関する科学的な研究」及び「大気のモニタリング技術及び予測手法」）を通じて連携を強化することとされた．

　政府レベルに加えて地方公共団体レベルでの国際的な連携も進んでいる．具体的には，日本の地方公共団体や産業界に蓄積された知見やノウハウを中国の主要都市における人材育成に活用する，いわゆる「都市間連携」が進んでおり，11自治体（埼玉県，東京都，長野県，富山県，兵庫県，福岡県，川崎市，四日市市，神戸市，北九州市，大分市）が取り組んでいる．

　なお，PM$_{2.5}$の濃度予測（シミュレーション）を示すモデルが開発されて

おり，ウェブサイトで日々の予測が公開されているため，越境汚染の影響により日本での$PM_{2.5}$濃度がどの程度になりそうかを把握するのに有用である．代表的なモデルとして，国立環境研究所の大気汚染予測システム VENUS，九州大学の SPRINTARS，一般財団法人日本気象協会の tenki.jp がある．

　環境省（2019a）によれば，日本の$PM_{2.5}$の測定局（質量濃度測定）は，2017 年度では 1038 局（一般局 814 局，自排局 224 局）であった．$PM_{2.5}$の環境基準は，長期基準（年平均値 15 μg/m³ 以下）と短期基準（1 日平均値 35 μg/m³ 以下）の両者を達成した場合に環境基準を達成したと評価される．$PM_{2.5}$の環境基準達成率は一般局で 89.9%，自排局で 86.2% であり，全体として改善傾向にある．

　また地域的な違いも見られるのも$PM_{2.5}$の特徴であり，2017 年度の都道府県別の環境基準達成率（一般局）は，27 道府県が 100% であったのに対し，岡山県 50.0%，香川県 58.3%，鹿児島県 62.5% と瀬戸内海地域や九州において達成率が低い傾向となっている．

コラム　$PM_{2.5}$に関する注意喚起のための暫定的な指針

　$PM_{2.5}$の環境基準は年間の測定を通して達成の可否が判断されるため，急に$PM_{2.5}$濃度が高くなるような場合の判断の目安としては想定されていない．このため，環境省では，$PM_{2.5}$濃度が高くなると予測される日に，国民に対して不要不急の外出や屋外での長時間の激しい運動をできるだけ減らすよう注意喚起することを目的に，「注意喚起のための暫定的な指針となる値」（日平均値 70 μg/m³）を 2013 年 2 月に設定した．その運用は，都道府県等によって行われているが，注意喚起の実施件数は，2013 年度の 37 件から，13 件（2014 年度），5 件（2015 年度），1 件（2016 年度），2 件（2017 年度）と減少傾向にある．

酸性雨

　酸性雨とは酸性沈着あるいは酸性降下物（Acid Deposition）の一形態である．酸性沈着（酸性降下物）には酸性雨のほかに，酸性雪や酸性霧も含まれ，湿性沈着と呼ばれる．一方，大気中の酸性物質の中で粒子状（エアロゾル）やガス状の酸性物質がかなりの割合を占め地上面に降下することから，

これらの乾性沈着も含めて酸性沈着（酸性降下物）とされており，広義の意味でこれら一群を単に酸性雨と呼ぶこともある．

　酸性雨は，火山活動など自然現象に加え，化石燃料の燃焼に伴い大気中に放出された硫黄酸化物や窒素酸化物から生成された硫酸や硝酸が雨の水滴に溶解して形成される．その影響としては，湖沼の酸性化による陸水生態系への被害，土壌の酸性化による森林の衰退，銅像等の文化財や建造物の損傷などが挙げられる．欧州や北米では酸性雨による影響が早くから指摘され，欧州諸国を中心に1979年に「長距離越境大気汚染条約」が採択された（1983年発効）．

　一般に，雨には大気中の二酸化炭素が炭酸として溶け込んでいることから，汚染のない状態でもpHで5.6-5.7の酸性を示す．これに火山活動による影響などを考慮して，日本では人間活動による酸性雨をpH5以下としている．

　酸性雨の対策として，化石燃料の燃焼に伴う硫黄酸化物や窒素酸化物の排出がその原因であることから，大気汚染対策を通してこれらの物質の削減を図っていくことが挙げられる．また，酸性雨による長期的な影響を把握するために，継続的な監視（モニタリング）が必要である．1983年から環境庁（現在の環境省の前身）が酸性雨のモニタリングを実施しているが，2017年度の全国23地点の降水中のpHの年平均値は，4.57-5.24（平均4.88）で酸性化した状態となっている（環境省，2019d）．

　酸性雨の原因となる大気汚染物質は，日本国内だけでなく近隣諸国でも排出されることから，酸性雨による悪影響を軽減するために国際的取組を進めていく必要がある．酸性雨問題に関する地域協力体制として，日本からの提唱を契機として，1998年4月から，「東アジア酸性雨モニタリングネットワーク」（Acid Deposition Monitoring Network in East Asia; EANET）の活動が進められている．現在の参加国は13ヵ国（カンボジア，中国，インドネシア，日本，ラオス，マレーシア，モンゴル，ミャンマー，フィリピン，韓国，ロシア，タイ，ベトナム）であり，酸性雨のモニタリングやデータの収集・評価などが行われている．

黄砂

　黄砂は，中国，モンゴルの砂漠化地域で強風により大気中に舞い上がった

砂（土壌・鉱物粒子）が浮遊しつつ降下する現象である．黄砂の発生は従来
は自然現象としてとらえられてきたが，近年の過放牧や農地転換などによる
耕地の拡大も原因とされている．黄砂は偏西風により飛来し，日本まで到達
する黄砂の粒径は 4 μm 付近のものが最も多いが，一部 2.5 μm 以下の微小
な粒子も含まれているため，黄砂の飛来時に PM$_{2.5}$ の測定値も上昇すること
がある．環境省（2019a）によれば，2017 年度の PM$_{2.5}$ 環境基準非達成局
（113 局）のうち黄砂の影響により非達成となったと考えられる局は約 2 割
（22 局）とされている．

　黄砂による日本への影響としては，視界の悪化や，自動車や洗濯物の汚れ
に加え，健康影響として呼吸器や循環器に関する疾患の症状の悪化，入院患
者数や医療機関受診者数の増加などとの関連が指摘されている（環境省，
2018）．

　気象庁（2019）では，国内の黄砂観測日数などのデータを公表しており，
これによれば黄砂観測日数（59 地点での統計）は 2000 年及び 2001 年にそ
れぞれ 44 日，2002 年に 47 日を記録してピークを迎えた後は，近年では
2016 年が 11 日，2017 年が 3 日，2018 年が 11 日と減少傾向を示している．
また，黄砂が日本に飛来する時期として，黄砂の年間観測日数（1981-2010
年の平均，50 地点での統計）24.0 日のうち，月別観測日数は 3 月が 6.9 日，
4 月が 8.9 日，5 月が 4.0 日とこの 3 ヵ月で全体の 8 割以上を占めている．

　環境省では，ライダー（LIDAR; LIght Detection And Ranging）と呼ば
れる機器により日本国内の 12 ヵ所及び中国・韓国・モンゴルで観測された
黄砂濃度（mg/m^3）をウェブサイト（環境省黄砂飛来情報）上でリアルタ
イムで公開しており，黄砂の飛来状況を把握することができる．

　黄砂の対策を検討・実施するにあたっては，その問題の性質上，近隣諸国
との協力が必要となる．現在，日中韓三ヵ国環境大臣会合の枠組みの下で，
2008 年から黄砂共同研究が開始されており，黄砂の観測と早期警報システ
ムの整備や発生源対策等の研究が進められている．発生源対策としては，劣
化した土地の再植林や植草を通した裸地の減少や防風林帯の形成，劣化した
土地への家畜や人間の立入制限などが挙げられる．

(2) 地球規模の大気汚染（水銀）

　水銀は，有害大気汚染物質としての指針値（水銀及びその化合物の1年平均値が40 ngHg/m³以下であること）が設定されている．2017年度のモニタリング結果（環境省，2019b）によれば，国内で測定している281地点の水銀及びその化合物の大気中濃度（平均値）は1.8 ngHg/m³であり，全ての地点で指針値を下回っている．この点では，日本では一般的な大気環境中の水銀を直接吸入することによる健康被害が生じているわけではない．

　一方，水銀は揮発しやすく，様々な排出源から排出されて地球上を循環し，分解されることなく環境中に蓄積する．このため，環境中を循環する水銀の総量を地球規模で削減するという趣旨で，水銀に関する水俣条約が採択された（第5章参照）．同条約に規定された水銀及びその化合物（以下「水銀等」という）の大気への排出の規制・削減を実施するために，2015年に大気汚染防止法が改正された．この改正では法の目的に，水銀に関する水俣条約の的確かつ円滑な実施を確保するための水銀等の排出の規制を行うことが追加され，国際条約に対応した形で大気汚染防止法が改正される初の事例となった．

　水銀に関する水俣条約では，水銀の大気への排出の規制・削減として，新規発生源に対する利用可能な最良の技術（Best Available Techniques; BAT）の適用や環境保全のための最良の対策（Best Environmental Practices; BEP）の実施の義務付け，大気排出インベントリーの作成・維持等を規定している．

　これに対応した改正大気汚染防止法では，水銀排出施設に係る届出制度，水銀等に係る排出基準の遵守義務，要排出抑制施設（水銀排出施設に準じた取組が求められる施設）の設置者の自主的取組等が規定された．水銀排出施設としては，条約で規制すべきとされた石炭火力発電所，石炭焚産業用ボイラー，非鉄金属製造施設，廃棄物焼却施設，セメント製造施設が対象とされた．これら水銀排出施設からの水銀排出量は日本国内において全体の約8割を占める．また，要排出抑制施設としては，鉄鋼製造施設のうち，焼結炉（ペレット焼成炉を含む）及び電気炉が，その水銀排出量を考慮して指定された．

　水銀排出施設の排出基準については，各施設の排出状況の実態調査に加え，

利用可能な最良の技術（BAT）や諸外国の状況を考慮して，新規施設と既存施設に分けて設定された．

1.5 今後の課題と展望

1960 年代から 70 年代にかけて生じた激甚な大気汚染に対応するために，環境基準が設定され，その達成を目指して大気汚染防止法の制定や改正，それに沿った対策技術の普及などにより，日本は深刻な事態を克服するに至った．また，都市域の自動車交通量の増加による大気汚染も，自動車 NOx・PM 法の実施や地方公共団体の取組などにより改善の道筋を辿っている．一方，大気汚染による影響の補償が現在も続いていることは，いったん大気汚染が生じると，その影響は長期に及ぶことを示している．

大気環境の改善が見られる一方で，光化学オキシダントやアスベストのように，従来のアプローチでは対処できない複雑な課題への対応が求められている．例えば，アスベストを含有した吹付け剤や保温剤等が使用されている建築物は，現在も多く使用されており，2028 年頃をピークに解体・改造・補修工事が増加することが予想されていることから，災害等の非常時も含め，今後もきめの細かい対応が必要である．

大気汚染対策に関する地理的視点も，一都市や国内だけでは完結せず，$PM_{2.5}$ など越境汚染への対応がより重要になってきている．さらに，水銀に代表されるように，地球規模の大気汚染に対応するための日本の貢献が問われる時代となった．

こうした状況において，今後の大気汚染対策を展望する際に重要と考えられる点は，以下のとおりである．まず，大気汚染防止法や地方公共団体の条例等の規制に従って，対策を着実に実施していくことである．対策の普及に伴い，各種取組が惰性に流れがちであるが，対策を行うことの意味を絶えず意識し，必要に応じて現状の政策を改善していく姿勢が求められる．

また，深刻な大気汚染の克服は，制度の充実や対策技術の導入に加え，これらを実際に機能させた，国や地方公共団体，民間企業等の担当者の尽力によるところが大きい．こうした知見や経験を次世代に継承していく必要がある．

　さらに，今日，多くの途上国が深刻な大気汚染の影響を受けていることから，日本の大気汚染対策の経験や技術，ノウハウを途上国の大気環境改善のための協力に活かしていくことが望ましい．SDGs では，大気汚染に関する目標として，ゴール 3（健康な生活），ゴール 7（エネルギー）及びゴール 11（安全な都市）が関係する．これらのゴールを達成するためのターゲットと指標が掲げられており，指標には，大気汚染による死亡率（指標 3.9.1）やクリーンな燃料の利用（指標 7.1.2），都市における微粒子物質の年平均値（指標 11.6.2）が含まれることから，途上国の大気環境改善のための協力は SDGs の達成にも貢献することになる．

引用文献

環境省　環境省黄砂飛来情報．http://www2.env.go.jp/dss/kosa/
環境省（2018）黄砂とその健康影響について．http://www.env.go.jp/chemi/mat01_1/105328_1.pdf
環境省（2019a）平成 29 年度大気汚染状況について．https://www.env.go.jp/press/pm2.5_9/ref2.pdf
環境省（2019b）大気汚染状況について（有害大気汚染物質モニタリング調査結果報告）．https://www.env.go.jp/air/osen/monitoring/mon_h29/index.html
環境省（2019c）平成 30 年光化学大気汚染の概要．http://www.env.go.jp/air/%20air/osen/mat.pdf
環境省（2019d）平成 29 年度酸性雨調査結果について．http://www.env.go.jp/air/acidrain/monitoring/h29/index.html
気象庁（2019）黄砂のデータ集．https://www.data.jma.go.jp/gmd/env/kosahp/kosa_data_index.html
北九州市（2019）ばい煙の空，死の海から奇跡の復活．http://www.city.kitakyushu.lg.jp/kankyou/file_0264.html
鷺坂長美（2017）『環境法の冒険』清水弘文堂書房，304 pp.
西尾哲茂（2017）『わかーる環境法』信山社，584 pp.
WHO（World Health Organization）（2018）Ambient（outdoor）air quality and health．https://www.who.int/news-room/fact-sheets/detail/ambient-(outdoor)-air-quality-and-health

第2章　水環境

2.1　水環境問題の歴史と教訓

　日本では，水環境において，かつて急速な都市化や経済発展等に伴い深刻な環境汚染が生じ，これらを克服してきた経験を有している．本章では，まず環境政策の歴史上重大な影響を与える結果となった3つの事例に焦点をあて，これら課題への対処の経験から得られる教訓について解説する．

(1) 水俣病

　1950年代に熊本県・水俣湾の魚が海面に浮きだし，陸上ではネコやブタが狂死するに至った頃，熊本県水俣保健所に新日本窒素肥料水俣工場附属病院の医師から脳症状を主とする原因不明の患者の入院が報告された（1956年）．これが水俣病の初の公式発見となった．

　水俣病は，工場排水によって汚染された海域に生息する魚介類を食用に供することによって魚介類に蓄積された有機水銀が人の体内に取り込まれ，その結果起こる神経系の疾患である．しかし，その原因究明に時間を要したことが，対策を遅らせ被害を拡大させる結果となった．小規模な沿岸漁業を営んできた漁師が水俣病にかかると，その家族はたちまち生活に困窮するなど，患者の健康が侵されるだけではなく，患者及びその家族が精神的，経済的に苦境に立たされることになり，大きな社会問題となった．その悲惨な被害状況は広く世界的に知られることにもなった．

　1968年，政府は，「水俣病は新日本窒素肥料水俣工場より排出されるメチル水銀化合物により汚染された魚介類を摂取することによって生じたもの」という政府統一見解を発表した．その後1969年，水俣地域を「公害に係る

健康被害の救済に関する特別措置法」(救済法)に基づく地域に指定し,国の救済措置の対象とした.なお,この「救済法」は,後に「公害健康被害補償法」(1974年施行)に引き継がれることになった.

一方被害住民らは,関係企業に対して訴訟を起こした.1972年当時,この水俣病を巡る裁判は,四日市ぜんそく,新潟水俣病及びイタイイタイ病にかかる裁判と併せ「4大公害裁判」と称された.これらの裁判では,いずれも被害住民等原告側の主張が認められる形で結審した.しかしながら水俣病に関しては,その認定基準などを巡り訴訟が続き,累次にわたる和解の努力などがなされたものの,一部住民との間には未だ完全な解決をみるに至っていない.

水俣病を巡る事案は,水銀に関する環境基準や排出基準の設定など環境汚染対策の政策枠組みの構築にもつながり,当時全国展開していた水俣工場と同様の工程を有する設備は全て水銀を使用しない他のシステムに転換された.この意味において水俣病は我が国の公害問題及び公害対策の原点ともいえる.また2017年には,水銀の人為的な排出から人の健康や環境を保護することを目的に「水銀に関する水俣条約」が発効し(第5章参照),同条約の前文では水俣病の重要な教訓を認識することが明記されている(環境省,2013).

(2) 新潟水俣病

新潟県の阿賀野川流域においては,水俣病と同様の汚染メカニズムにより同様の被害が生じた.これに対し1965年当時は,原因不明の疾患とされていたが,原因究明の結果,昭和電工株式会社が有する工場の排水が当該中毒の原因になったという政府見解が発表され,「新潟水俣病」と称された.1969年「救済法」による地域指定がなされ,健康被害への補償の対象となった.

(3) イタイイタイ病

富山県の神通川流域においては,大正時代から上流の鉱山廃水の影響によりカドミウム等を含有する汚染水が下流域の水田に流れ込み,カドミウムによる汚染米を摂取した地域住民が,神経を侵される奇病を発症するという甚大な環境問題が生じた(被害を受けた住民患者がその痛みに耐えかねて「イ

タイ，イタイ」とその苦痛を訴えたことから「イタイイタイ病」と呼ばれた）．1968 年，厚生省は公害防止行政の立場から，当時における最新の知見に基づき「イタイイタイ病」の本態と発生原因等について公式見解を発表した．その後政府は，被害者の救済に乗り出し，「救済法」に基づく補償の対象とした．またカドミウムについては，水質環境基準の健康項目の一つとして位置付けられた（1970 年）（加納，2014）．

　上述の環境汚染問題は，いずれも地域住民に対し深刻な被害を与えたが，その結果として行政当局に対し，環境汚染対策の実施を迫る大きな原動力ともなった．しかしながらその代償はあまりにも大きく，このような痛ましい事例は決して繰り返してはならないことを学ぶ貴重な教訓として今後とも伝承していくべきものである．

2.2　水環境の現状

(1)　水質環境基準

　水は人間の生活を支える基盤として不可欠な資源であるが，ひとたび汚染されるとその利用が妨げられるだけではなく，汚染された水の摂取により人の健康や生態系がむしばまれるという深刻な問題を生じる危険性を有している．

　このため政府は，環境基本法の規定に基づき，環境を保全するための望ましい基準として「環境基準」を定めることとしている．環境基準が導入されたのは，環境基本法の前身である公害対策基本法の制定時（1968 年），「公共用水域の水質の保全に関する法律」等による公害規制が工場などの集積により汚染絶対量の増加に対して有効に機能せず，汚染が加速度的に進行し，また全国的に拡散しつつある状況に対応しえなかったという背景があった．こうした事態に鑑み，深刻化する公害を防止するため，諸施策の目標として環境基準が設定されることとなった．

　水質汚濁関係では，①人の健康保護，及び②生活環境保全の 2 つの観点から環境基準が設定されている．健康保護項目については，水道水源水質基準や WHO 飲料水ガイドライン等を考慮して 27 項目について設定されており（表 2.1 参照），河川，湖沼，海域の種類にかかわらず一律に適用される．地

表 2.1　水質汚濁に係る環境基準（健康項目）（環境省，2018a）

項　　　目	基　準　値	項　　　目	基　準　値
カドミウム	0.003 mg/L 以下	1, 1, 1- トリクロロエタン	1 mg/L 以下
全シアン	検出されないこと．		
鉛	0.01 mg/L 以下	1, 1, 2- トリクロロエタン	0.006 mg/L 以下
六価クロム	0.05 mg/L 以下		
砒素	0.01 mg/L 以下	トリクロロエチレン	0.01 mg/L 以下
総水銀	0.0005 mg/L 以下	テトラクロロエチレン	0.01 mg/L 以下
アルキル水銀	検出されないこと．		
PCB	検出されないこと．	1, 3- ジクロロプロペン	0.002 mg/L 以下
ジクロロメタン	0.02 mg/L 以下		
四塩化炭素	0.002 mg/L 以下	チウラム	0.006 mg/L 以下
1, 2- ジクロロエタン	0.004 mg/L 以下	シマジン	0.003 mg/L 以下
		チオベンカルブ	0.02 mg/L 以下
1, 1- ジクロロエチレン	0.1 mg/L 以下	ベンゼン	0.01 mg/L 以下
		セレン	0.01 mg/L 以下
シス -1, 2- ジクロロエチレン	0.04 mg/L 以下	硝酸性窒素及び亜硝酸性窒素	10mg/L 以下
		フッ素	0.8 mg/L 以下
		ホウ素	1 mg/L 以下
		1, 4- ジオキサン	0.05 mg/L 以下

下水と公共用水域は一体として一つの水循環を構成していることから，クロロエチレン（地下水環境基準 0.002 mg/L 以下）を除き，公共用水域に適用されているものと同じ基準が地下水にも適用されている．

　生活環境項目（13 項目）に関しては，水域の用途に応じてあてはめが行われる複数の類型が設定されており，これらは対象とする公共用水域の利用目的などに照らし都道府県においてそれら類型が指定されることとなっている（図 2.1 参照）．ただし，利根川水系，淀川水系，東京湾及び伊勢湾などの主要 47 水系については国が類型指定を行うとされている．生活環境項目のうち，水質汚濁の程度を表す代表的な指標が，河川の生物化学的酸素要求量（Biochemical Oxygen Demand; BOD）及び湖沼・海域の化学的酸素要求量（Chemical Oxygen Demand; COD）であり，これらは水中の有機汚濁物質を分解するために必要とされる酸素の量を表している．また生活環境項目の中には，水生生物保全の観点から全亜鉛等 3 項目が含まれている．

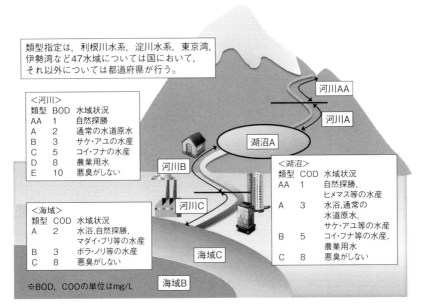

図2.1 生活環境項目の類型指定のイメージ（環境省，2018a）

(2) 環境基準の達成状況

　公共用水域の水質環境状況については，基本的には都道府県（または政令指定都市）において定期的な監視が行われることになっており，それらの観測結果については国において毎年集約され公表されている．環境省がとりまとめた2017年度の監視結果（環境省，2018b）によれば，全国の公共用水域における健康項目の環境基準達成率は99.2%であり，ほとんどの地点で環境基準を達成している．生活環境項目の代表指標でもあるBOD/CODの環境基準達成状況の推移を公共用水域ごとに概括すると，全体としては年々改善の傾向にあり，2017年度は河川での環境基準達成率は94.0%となっており，ほとんどの水域で環境基準を達成している．一方，湖沼は53.2%，海域は78.6%となっており，湖沼等の閉鎖性水域では環境基準の達成率はなお低い状況となっている（図2.2参照）．

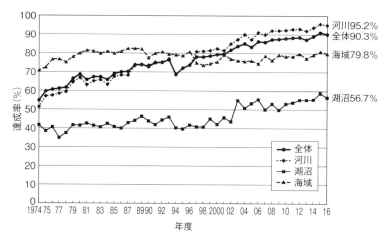

図 2.2　公共用水域の環境基準（BOD/COD）の達成状況の推移（環境省，2018a）

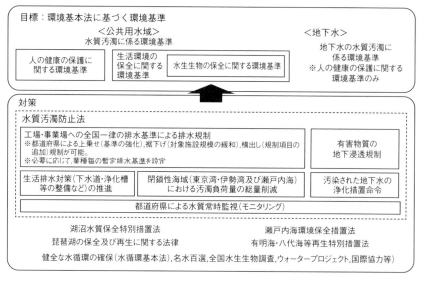

図 2.3　水環境保全対策の概要（環境省，2018a）

2.3　国内の政策

　水環境保全対策の枠組みは，上述の環境基準の維持達成を目指し，水質汚濁防止法のもと，工場事業場からの排水規制に加え，下水道・浄化槽の整備等による生活排水対策及び特定の閉鎖性水域を対象とする総量削減等の対策を総合的に組み合わせて展開していく仕組みとなっている．水質汚濁防止法に加えて，湖沼水質保全特別措置法や水循環基本法などの諸法令に基づく各種施策を全面的に動員することにより対策の全体像が構成されており，これら施策の円滑な実施は，国土交通省，農林水産省及び環境省など関係政府機関や都道府県・市町村の有機的な協力によって支えられている（図 2.3 参照）．

(1)　排水規制

　水質汚濁防止法では，工場または事業場における汚水を排出する施設を業種ごとに政令で特定施設として指定し，その設置や変更に際しては届け出を義務付け，当該特定施設を有する事業場に対しては，その排水口ごとに排水基準の遵守を義務付けている（図 2.4 参照）．

　排水基準は，国において全国一律の基準が設けられているが，地域におけ

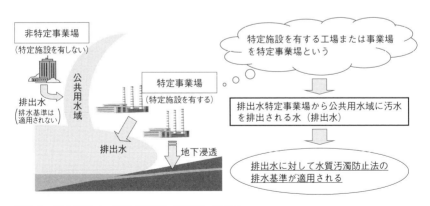

図 2.4　排水規制（一律排水基準）（環境省, 2018a）
　水質汚濁防止法の排水規制では，全国の特定事業場について，全公共用水域一律の排水基準（一律排水基準）が設定されている．排水基準に違反した場合には，直ちに罰則が適用される，いわゆる直罰制度となっている．

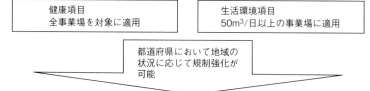

国の定める一律排水規制（全国一律の最低限の規制）

| 健康項目
全事業場を対象に適用 | 生活環境項目
50m³/日以上の事業場に適用 |

都道府県において地域の
状況に応じて規制強化が
可能

規制強化の方法

都道府県の上乗せ規制
・一律排水規制では環境基準の達成ができないなど不十分な場合に，条例により
排水基準値を強化するもの
・生活環境項目について50m³/日未満の小規模事業場へ適用するもの

都道府県の横出し規制
・一律排水規制にない項目について排水規制を実施するもの

図 2.5　排水規制（一律排水基準と上乗せ基準）（環境省，2018a）

る細やかな環境保全を図る観点から，都道府県知事が国の一律基準値より厳しい排水基準（いわゆる「上乗せ排水基準」）を設定することができることになっている（図 2.5 参照）．また国で定める特定施設の規模や範囲においても，それぞれの地域の事情を反映した地域独自の基準の適用についても環境基本法において認められている（これを「排水基準の横出し」と称している）．

　また水質汚濁防止法により，排水状況の監視，特定施設の立ち入り検査や公共用水域の常時監視は，都道府県（一部水質汚濁防止法施行令により指定された市に権限移譲されている）の責務と定められており，地域に密着した公害対策の基本精神が貫かれている．こうした施設の監視・指導及び常時監視の結果が地域の事情とともに，きめ細やかに公害対策行政に反映されていく仕組みとなっている．

コラム　暫定排水基準

　排水基準の設定に際しては，事業規模に比して，著しく汚水処理施設に費用を要する業種については，一般の排水基準に代えて，一定の期間に限り，一般排水基準より緩やかな暫定排水基準を適用できるとされている．この暫

定排水基準は，法律施行当初は300業種以上の業種に適応されていたが，年々処理技術の確立・進展により徐々に適用対象業種が少なくなっている（2019年6月現在12業種）．こうした一般基準より緩い基準ではあるが，年々その基準値も一般排水基準に近づくよう見直しされている．

(2) 水質総量規制

東京湾等の人口，産業が集中し，多数の汚濁発生源から大量の排水が流入する広域閉鎖性水域においては，その水質に影響を及ぼす汚濁負荷量を全体的かつ量的に削減することが重要であるが，従来の排水口ごとの規制方式では①汚濁発生源の全体をとらえて統一的な規制対策が行えないこと，②排水基準は濃度規制であるため特定施設の新増設や希釈排水による汚濁負荷量の増大に対し有効に対処できないことに加え，③全体として大きな負荷量を持つ生活系排水に対する配慮が十分でないことなどの限界があった（環境省，2007）．

このため，閉鎖性水域の水質保全を図る新たな制度として，総合的な負荷量削減対策の確立を目指し，水質総量規制制度の導入が1979年に施行された．この制度に基づき，瀬戸内海，東京湾及び伊勢湾流域が総量規制対象水域として指定された．

この制度において都道府県知事は，国が定める「総量削減基本方針」に基づき，関係市町村長の意見を聞いた上で，都道府県ごとの「総量削減計画」を定め，内閣総理大臣の承認を受けることになっている．この総量削減計画には，都道府県内の発生源別の汚濁負荷量削減目標，目標量を達成するための方策としての総量規制基準の導入に加え，底質汚泥の除去など汚濁負荷量の総量削減に関し必要な事項が盛り込まれることとなっている．

コラム　瀬戸内海の環境保全

瀬戸内海は風光明媚な景勝地である上，漁業資源が豊かで海運の要衝でもある．このため，その環境保全を図ることは国の環境政策の課題となってきた．1973年には，瀬戸内海の環境の一層の悪化を防止するため「瀬戸内海

環境保全臨時措置法」が議員立法により時限法として制定され，1978年の改正により「瀬戸内海環境保全特別措置法」と名称が改められ恒久法となった．同法では，瀬戸内海の環境の保全上有効な施策の実施を推進するための瀬戸内海環境保全基本計画の策定や特定施設の設置の規制，富栄養化による被害の発生の防止などを規定しているほか，埋立の許可及び承認については，瀬戸内海の特殊性につき十分配慮しなければならないとしている．

(3) 湖沼保全対策

湖沼は，海域や河川に比して環境基準の達成状況が著しく悪く，加えて富栄養化（コラム参照）の進行による各種の利水障害が発生している状況に鑑み，1984年，「湖沼水質保全特別措置法」が制定された．同法では，政府が定めた湖沼水質保全基本方針に基づき指定された湖沼を対象に，湖沼環境保全計画に沿った環境保全対策を総合的に実施していくことを基本としている．この法律に基づき，指定湖沼及びその集水域においては，①特定施設の設置許可制，②規制対象の拡大，③畜舎，養殖施設等の施設管理基準による規制，④一部指定湖沼についての総量規制の導入，⑤埋立干拓及び湖岸の改変にあ

閣議決定による湖沼水質保全基本方針（湖沼全般を対象）
都道府県知事の申し出により指定湖沼を閣議決定（琵琶湖，霞ヶ浦等11湖沼が指定）

指定湖沼ごとの「湖沼水質保全計画」
都道府県が策定，環境大臣の協議（及び公害対策会議の意見聴取）が必要

汚濁負荷量規制 水質汚濁防止法に基づく濃度規制に加え 1日当たりの負荷量を規制	小規模畜産，湖内養殖への構造・使用規制
事業の実施 下水道・浄化槽等の整備，しゅんせつ等	流出水対策地区の指定 面源対策の重点実施
湖辺保護地区の指定 浄化機能を持つ湖辺植物の保護 （湖辺地区の行為届出制）	規制対象施設以外の者への指導，助言，勧告
	（更に必要な場合）総量規制

【湖沼水質保全計画の策定】
2018年3月策定済：諏訪湖（第7期，2017～2021年）
2019年度内策定(予定)：八郎湖，野尻湖，中海，宍道湖

図2.6 湖沼の水質保全計画（環境省，2018a）

湖沼は閉鎖性の水域であり，汚濁物質が蓄積しやすいため，河川や海域に比べて環境基準の達成状況が悪い状況．1984年に「湖沼水質保全特別措置法」が制定され，指定湖沼に対し，水質汚濁防止法の規制に加えて，特別の対策を講じている．

たっての特別の配慮等の措置を講じるとともに，⑥湖辺の自然環境を水質と一体のものとして保全するため，湖沼水辺環境保全地区の指定による一定の行為の制限制度が盛り込まれることになった．2019 年現在，琵琶湖や霞ヶ浦など 11 湖沼が指定湖沼となっている（図 2.6 参照）．

　しかしながら，湖沼水質保全特別措置法の制定後も，汚濁物質が蓄積しやすいという湖沼の特徴に加え，湖沼周辺での開発や人口の増加などの社会経済的な構造変化による汚濁負荷の増大から，湖沼の水質については，顕著な改善傾向がみられない状況が続いてきた．このため，それまでの対策に加え，指定地域における農地・市街地等からの流出水にかかる対策や湖沼の環境保護等の措置を講じるため，2005 年に同法の抜本的改正がなされた．その骨格は，非特定汚染源対策の推進，自然浄化機能の活用の推進，特定汚染源対策の推進，総合計画の策定，湖沼の水環境の適正な評価を盛り込んでいる．

　なお，日本最大の湖である琵琶湖については，その保全と再生を図ることなどを目的として 2015 年に「琵琶湖の保全及び再生に関する法律」が制定された．同法に基づき，国が「琵琶湖の保全及び再生に関する基本方針」を，滋賀県が「琵琶湖保全再生施策に関する計画」を策定している．

コラム　富栄養化

　富栄養化（Eutrophication）とは，海・湖沼などの水域が貧栄養状態から富栄養状態へと移行する自然的現象を指す用語として使われていた．しかし近年人間活動の影響により，水中の栄養塩類の急激な濃度上昇に伴い，富栄養化が急速に進み（過栄養化），赤潮や青潮などの環境汚染問題や漁業等の被害につながる現象としてとらえられている．水域の富栄養化は生活排水や工場排水，農薬，肥料などに含まれる窒素化合物やリンなどが原因となっている．一般に水域の栄養塩類の濃度が上昇すると，日光のあたる水面付近では植物プランクトンが増殖し，これを捕食する動物性プランクトンも増える．しかしながら湖沼などの閉鎖性水域では，光合成が停止する夜間に生物の呼吸による酸素消費が増加し，水中が酸欠状態になる．また異常繁殖したプランクトンが死滅しこれが水底に移行し急激に溶存酸素量が低下し，結果として赤潮や青潮の発生につながる構造となっている．富栄養化対策として，水質汚濁防止法等に基づき，窒素やリンを含む排水の規制が行われている．

(4) 地下水対策

　地下水は一般に清浄で貴重な淡水資源である一方，いったん汚染されると その浄化には多くの時間と費用を要する．地下水汚染のメカニズムは，汚染 物質の物理化学的性状や排出された汚染物質の量及び浸透する地質構造など 様々な要因により異なる．汚染原因物質としては，下記に示すとおり病原性 微生物，重金属類，揮発性有機化合物，残留性有機汚染物質等多岐にわたっ ている（田瀬, 2012）.

　病原性微生物としては，1970年頃までは浅井戸を水源とする生活用水の 利用により，赤痢，コレラ，チフス等の細菌による事例が多く見受けられた. 重金属類では，メッキ工場からの廃水中に含まれる六価クロムやシアンが地 中に蓄積された結果，地下水が汚染された例が多発した．工場跡地周辺には これら重金属による土壌・地下水汚染の危険性が高まることに留意する必要 がある．揮発性有機化合物には，毒性，発がん性などを有する物質としてト ルエン，ベンゼン，トリクロロエチレンなどが含まれるが，これらは溶剤な どとして，ドライクリーニングや半導体産業などで幅広く使用され，結果と して地下水への影響も広範囲に広がっていった事例がある．さらに，残留性 有機汚染物質（Persistent Organic Pollutants; POPs）に分類される農薬に は製造不純物としてダイオキシンを含むものがあり，環境への影響は重大で ある．農薬は農地だけではなく，公園やゴルフ場，園芸用として幅広く使用 され，直接環境中に放出されることから人体への影響が大きくなっている. また硝酸性窒素・亜硝酸性窒素による地下水汚染は，1990年代にその深刻 さが認識され，1999年には地下水の水質汚濁に関わる環境基準に硝酸性窒 素・亜硝酸性窒素が追加され，地下水源の常時監視の対象となっている.

　地下水汚染防止には汚染源対策が基本であり，継続的な管理・監視が必要 である．水質汚濁防止法においても，地下水汚染を防止するための有害物質 の地下浸透規制を規定している．汚染源対策としては，工場からの排水規制 を徹底し，工場跡地周辺などにおいて地下水を利用する場合，水質検査の徹 底を図るとともに，その原因物質を除去または封じ込める対策措置を講ずる ことが不可欠である（環境省, 2016）.

(5) 土壌汚染対策

　土壌は，大気や水と同様，人間や生物が生息していく上で不可欠となる環境要素の一つである．土壌は，地中にいる生き物が生活する場であり，土壌に含まれる水分や養分が，食料となる農作物を育む基盤を構成している．

　しかしながら，こうした機能を有する土壌が時として有害な物質により汚染されることがある．その原因としては，例えば工場の操業に伴い排出された有害な物質が地下に浸透するなど，有害物質が環境中に放出されることにより土壌汚染問題を生じさせている．なお土壌汚染の中には，人間の活動に伴って生じた汚染だけではなく，自然由来で汚染されているものも含まれる．

　土壌汚染による健康リスクは，次の2つの場合に分けて考えられる．

①地下水など経由して摂取するリスク：土壌に含まれる有害物質が地下水に溶け出して，その有害物質を含んだ地下水を摂取することによるリスク

②直接摂取するリスク：土壌に含まれる有害物質を口や肌などから直接摂取することによるリスク

　土壌汚染に関する問題とは，土壌汚染が存在すること自体ではなく，土壌に含まれる有害な物質が人間の体の中に入ってしまう経路（摂取経路）が存在していることである．この経路を遮断するような対策を取れば，有害な物質は人間の体中に入ってくることはなく，土壌汚染による健康リスクを減らすことができる．つまり，土壌汚染があったとしても，摂取経路が遮断され，きちんと健康リスクの管理ができていれば，人の健康上何も問題はないとの基本的な考え方から，土壌汚染対策法が制定されている．

　これらの健康リスクを確実に管理することを目的として，2003年に「土壌汚染防止法」が制定された．同法では，①地下水等経由の摂取リスクの観点から全ての特定有害物質に対して「土壌溶出量基準」が，②直接摂取リスクの観点から特定有害物質のうち9物質に対して「土壌含有量基準」がそれぞれ設定されている．

(6) 名水百選

　環境省は，全国に多くの形態で存在する清澄な水について，その再発見に努め，広く国民に紹介し，啓蒙普及を図るとともに，こうした活動を通じ国

民の水質保全への認識を深め，併せて優良な水環境を積極的に保護すること
などを目的として，1985 年，全国 100 ヵ所の湧水や河川を「名水百選」と
して選定した．選定された水域は多くの人々の注目を集め，清澄な水の尊さ
を再認識する機会となったほか，観光資源として地域振興にも貢献した．

　また 2008 年には，水環境保全の一層の推進を図ることを目的に，地域の
生活に溶け込んでいる清澄な水や水環境の中で，特に地域住民等による主体
的かつ持続的な水環境の保全活動が行われているものを，1985 年選定の
「名水百選」に加え「平成の名水百選」として選定しており，現在では併せ
て「200 選」となっている（環境省，2009）．

(7) 水循環基本法と基本計画

　水を巡る問題を考える上で，水循環の全体像を視野に入れて，その対応策
について総合的対策を展開していくことが肝要であることが長年叫ばれてき
た．こうしたことを背景に水循環に関する施策を総合的かつ一体的に推進す
ることにより，健全な水循環を維持・回復させることを目的として，2014
年に「水循環基本法」が制定された．

　この法律では，水循環の基本理念を次のとおり規定しており，各種施策は
これら 5 つの基本理念を軸に展開される仕組みとなっている．

　①水循環の重要性：水については，水循環の過程において，地球上の生命
　　　をはぐくみ，国民生活及び産業活動において果たす重要な役割に鑑み，
　　　健全な水循環の維持または回復のための取組が積極的に推進されなけ
　　　ればならない．

　②水の公共性：水が国民共有の貴重な財産であり，公共性の高いものであ
　　　ることに鑑み，水についてはその適正な利用が行われるとともに，全
　　　ての国民がその恵沢を将来にわたって享受できることが確保されなけ
　　　ればならない．

　③健全な水循環への配慮：水の利用にあたっては，水循環に及ぼす影響が
　　　回避されまたは最小となり，健全な水循環が維持されるよう配慮され
　　　なければならない．

　④流域の総合的管理：水は水循環の過程において生じた事象がその後の過
　　　程においても影響を及ぼすものであることに鑑み，流域にかかる水循

環について流域として総合的かつ一体的に管理されなければならない.

⑤水循環に関する国際的協調：健全な水循環の維持または回復が人類共通の課題であることに鑑み，水循環に関する取組の推進は，国際的協調の下に行われなければならない.

また，本法律に基づき，2015年に策定された「水循環基本計画」においては，上記基本理念を施策の基本方針とし，施策を総合的・計画的に講ずることとしている．施策の柱としては，①流域連携の推進，②貯留・涵養機能の維持及び向上，③水の適正かつ有効な利用の促進等，④健全な水循環に関する教育の推進，⑤民間団体の自発的な活動を推進するための措置，⑥水循環施策の策定及び実施に必要な調査の実施，⑦科学技術の振興，⑧国際的な連携の確保及び国際協力の推進，及び⑨水循環に関わる人材育成を掲げている（正木，2015）.

2.4 国際的な動向

(1) 海洋汚染の防止

海水中の汚染物質は国境を越えて移動することから，海洋汚染の防止には国際的な協調や連携が求められる．「廃棄物その他の物の投棄による海洋汚染の防止に関する条約」（1972年採択）は，有害廃棄物の海洋投棄を禁止しているが，海洋汚染の防止措置をさらに強化するため「1972年の廃棄物その他の物の投棄による海洋汚染の防止に関する条約の1996年の議定書」（ロンドン議定書）が1996年にロンドンで採択され，2006年3月に発効した（日本は2007年10月に締結）．議定書では，廃棄物等の海洋投棄及び洋上焼却を原則禁止した上で，例外的にしゅんせつ物，下水汚泥など，海洋投棄を検討できる品目を列挙するとともに，これらの品目を海洋投棄できる場合であっても，厳格な条件の下でのみ許可することとしている．この議定書の措置を国内で担保するため，「海洋汚染等及び海上災害の防止に関する法律」（海洋汚染等防止法）により，船舶，海洋施設及び航空機から海洋に油，有害液体物質等及び廃棄物を排出することなどが規制されているほか，「廃棄物の処理及び清掃に関する法律」においても廃棄物の海洋投入処分を規制している.

　また，船舶から排出されるバラスト水（船舶の積み荷を降ろした後に，船舶の重心を安定させるため注がれる水）を適切に管理し，バラスト水を介した有害水生生物及び病原体の移動を防止することを目的として，「船舶バラスト水規制管理条約」が 2017 年に発効し，これを国内担保する改正海洋汚染等防止法が同年施行されている．

(2) 世界水フォーラム

　「世界水フォーラム」は，水問題解決に向けた世界最大級の国際会議であり，世界で深刻化する水問題，特に飲料水や衛生問題における世界の関心を高め，水関連企業，水事業に従事する技術者，科学者，市民団体，国際機関などから多くの専門家が参加し，世界の水問題への解決策について議論することを目的としている．国連主催の会議ではなく民間のシンクタンクである世界水会議が主催しているものの，各国の政府代表者も多数参加し，閣僚宣言も出されたことから，世界の水問題とその政策に関する議論に大きな影響を与える会議になってきている．1997 年 3 月に第 1 回「世界水フォーラム」がモロッコのマラケシュにて開催されて以降，水フォーラムは「世界水の日」である 3 月 22 日を含む期間に 3 年間隔で開催されている．2003 年に琵琶湖・淀川流域（京都，大阪，滋賀）で開催された第 3 回「世界水フォーラム」では，水と貧困，水と食料など主要課題について討議が行われ，それらを総括した閣僚宣言「琵琶湖・淀川流域からのメッセージ」が発表された（日本水フォーラム，2019）．

(3) 世界湖沼会議

　「世界湖沼会議」（World Lake Conference）は，世界各地から研究者，行政，市民団体などが一堂に会し，世界の湖沼とその流域における多様な課題の解決に向けて議論し，情報交換を行う国際会議である．1984 年に第 1 回会議が「世界湖沼環境会議」として滋賀県において開催されて以来，公益財団法人の「国際湖沼環境委員会」（International Lake Environment Committee Foundation; ILEC）が現地機関と協力し，ほぼ 2 年おきに世界各地で開催されている．これまで「琵琶湖宣言」や「武漢宣言」，「オースティン宣言」など世界の湖沼流域管理の方向を示す重要な宣言や提言が発表されて

アジアの現状	◆ 急激な人口増加・経済発展により水使用量は増加の一途 ◆ 排水処理が追いつかず水質汚濁等の深刻な環境汚染に直面

アジアにおける水処理技術普及の課題	【制度面・人材面】 ・ 規制等の法制度の不備や不十分な執行により市場が未成熟 ・ 知識，経験を有する人材の不足	【技術面等】 ・ 現地での導入事例がないため技術の採用に躊躇 ・ 求められる技術スペックに差があることに伴う相対的なコスト高

両輪で推進！

ガバナンス改善等基盤整備　　モデル事業

取　組	WEPA : Water Environment Partnership in Asia （アジア水環境パートナーシップ事業） 水環境情報，技術ニーズ，人材活用 行政と民間企業のマッチング 水環境改善技術の提案	アジア水環境改善モデル事業

成　果	アジアにおける途上国の水環境改善，日本の優れた技術の海外展開促進

図 2.7　水環境分野における環境インフラの海外展開（環境省，2018c）

いる．2018 年 10 月には，茨城県にて第 17 回世界湖沼会議が「人と湖沼の共生―持続可能な生態系サービスを目指して―」をテーマに開催され，「いばらき霞ヶ浦宣言 2018」をとりまとめ，湖沼流域管理の重要性について世界に向け発信した（国際湖沼環境委員会，2018）．

(4) アジア地域における国際協力

　2019 年世界水発展報告書によると，世界全体で水環境汚染問題が喫緊の課題になっている．またアジア地域においては，急激な人口増加や経済発展により，水使用量は増加の一途を辿っており，排水処理が追いつかず嫌気性水質汚濁（酸素のない状態で，汚染物質の分解が進み，水質汚濁が進行した状態）の深刻な環境汚染に直面している．一方，アジア地域の各国においては，規制等の法制度の不備や不十分な執行により水環境対策が進まないため対策技術の市場が形成されず，また，知識，経験を有する人材が不足している．技術面においては，現地での導入事例がないため技術の採用に躊躇する状況が見受けられる．

　環境省においては，こうした課題を克服するため，制度の改善を促す基盤整備と実際の現場での優良事例を支援するモデル事業の展開を車の両輪とし

て展開するべく協力事業を行っている（図2.7参照）.

　その第一は，日本の経験や技術，ノウハウなどについて海外の国々とも協力していくことの重要性に鑑み，「アジア水環境パートナーシップ」（Water Environment Partnership in Asia; WEPA）を実施している．このWEPAプロジェクトは，2003年の第3回世界水フォーラムにおいて日本の環境省が提唱した取組で，現在アジア地域の13ヵ国の水質管理を管轄する中央政府機関が参加しており，情報管理，法制度整備，能力向上等の支援により環境ガバナンスを強化することを目的として活動展開している.

コラム　WEPA プロジェクトの展開

　これまで第1期（2004-2008年），第2期（2009-2013年）を通じて取組を継続してきており，2014年からは第3期として活動を展開してきている．第1期では，情報データベースの構築，各国政策担当者の情報共有や能力向上を一体的に行うことを通じて各国の政策展開に向けた支援を実施．また第2期においては，情報データベースに基づく各国の水環境ガバナンス分析を実施し，具体的テーマとして「都市生活排水処理」及び「気候変動への適応」に関する情報共有及び課題分析を実施した．第3期では，これまでの成果を活かし，課題に応じた支援プログラムを作成し，各国自らが実施していくことを支援していくこととしている.

　次に「アジア水環境改善モデル事業」は，日本の水環境改善技術を海外に適用し，日本の技術の海外展開と近隣アジア諸国の水環境の改善双方の実現を目指している．日本企業の参入事例はそれほど多くないのが実情であることから，日本の水環境改善技術の現地での適用・実証を支援していくことを主眼としており，環境省の「環境インフラの海外展開」の水環境部門の主要事業として今後の更なる実績の積み重ねが期待されている.

2.5　今後の課題と展望

（1）水環境問題と SDGs

　「持続可能な開発目標」（SDGs，第7章・第8章参照）のゴール6は，「全ての人々の水と衛生の利用可能性と持続可能な管理を確保する」こととして

おり，具体的には 2030 年までに，全ての人々の安全で安価な飲料水の普遍的かつ平等なアクセスを達成することを目指している．また汚染の減少，投棄廃絶，有害化学物質放出の最小化，未処理排水の割合半減等により水質を改善していくことも目標としている．さらに全セクターにおいて水利用率の大幅改善などにより水不足に悩む人々の数を大幅に減少させるとともに，水と衛生分野における国際協力の拡大を目指すこととしている．水環境問題は，ゴール 6 以外にもゴール 3（健康な生活）やゴール 11（安全な都市）及びゴール 13（気候変動）など複数の目標と関連を有しており，これら目標の達成に向けた取組の相乗効果（シナジー）の促進やトレードオフの解消についても注意を払う必要がある．

(2) 統合的水資源管理

　水資源を適切に管理していくためには，水質汚濁防止，水利用合理化，工場排水処理，下水処理，かんがい用水管理，治水，防災対策等多岐にわたる分野の施策全体を統合的に取り組んでいくことが求められている．とりわけ湖沼流域管理の分野では，「統合的湖沼流域管理」（Integrated Lake Basin Management; ILBM）が国際的に推進されており，2018 年の世界湖沼会議において採択された「いばらき霞ヶ浦宣言 2018」においても統合的湖沼流域管理の推進が明示された．今後こうした考え方の下，世界各地において実践されていくための人材育成や情報の共有など日本がこの分野において蓄積してきた知見を踏まえ，国際社会に一層貢献していくことが求められている．

(3) 水環境インフラの海外展開

　水環境保全は日本が推進する「環境インフラ海外展開基本戦略」（環境省，2017）において重要戦略領域の一つとして位置付けられている．とりわけこれまでアジア地域において取り組んできた，「アジア水環境パートナーシップ」（WEPA）の場を活用するとともに，民間企業が現地において水処理技術の導入を目指した実証モデル事業を通じた技術の国際展開が一層推進されるよう今後ともアジア諸国の水環境情報や行政等の技術ニーズを共有し，マッチングの機会を創出していくことが求められている．

引用文献

加納紅代（2014）富山県におけるイタイイタイ病対策．公衆衛生情報，3 月号：
　22-23.

環境省（2007）今後の閉鎖性海域対策を検討する上での論点整理．https://www.
　env.go.jp/water/heisa/mt-vision.html

環境省（2009）名水百選とは．http://www.env.go.jp/water/meisui/

環境省（2013）水俣病の教訓と日本の水銀対策．http://www.env.go.jp/chemi/tmm
　s/pr-m/mat01.html

環境省（2016）「地下水保全」ガイドライン〜地下水保全と持続可能な地下水利用
　のために．http://www.env.go.jp/water/jiban/guide.html.

環境省（2017）環境インフラ海外展開基本戦略．http://www.env.go.jp/press/
　104372.html

環境省（2018a）水環境課資料（水環境行政の動向）．

環境省（2018b）平成 29 年度公共用水域水質測定結果．https://www.env.go.jp/
　water/suiiki/h29/h29-1.pdf

環境省（2018c）アジアにおける水環境改善ビジネスセミナー．https://www.env.
　go.jp/water/asia_business/pdf/r01s_mat01.pdf

国際湖沼環境委員会（2018）ILEC の中期展望（2018-2022）．

田瀬則雄（2012）わが国における地下水汚染の現状と課題．安全工学，Vol. 51,
　No. 5: 290-296.

日本水フォーラム（2019）世界水フォーラム．http://www.waterforum.jp/jp/
　what_we_do/

正木孝治（2015）水循環基本法と水循環基本計画について．River Front, Vol. 81:
　2-5.

第3章　廃棄物と資源循環

　廃棄物に関する政策は，公衆衛生の向上という行政の基盤的な政策としてはじまり，高度経済成長時代の公害問題への対応を経て，現在は原料採掘や製品製造の上流段階を含めた資源の循環という，より広範な課題に対応するに至っている．政策の対象となる地理的な範囲も，廃棄物や循環資源の移動距離の拡大に伴って，地域から県外，日本全国，アジア，そして地球大へと広がってきた．本章では，こうした廃棄物と資源循環に関する政策の進展とその内容を取り上げる．

3.1　廃棄物問題と循環型社会の形成

　本節では，日本における廃棄物問題と循環型社会の形成に関する政策のダイナミックな進展を概観するとともに，これらの政策の基礎となる用語の解説やデータを紹介する．

(1) 廃棄物問題の変遷

　経済活動や日常生活から廃棄物は多かれ少なかれ排出されるが，生活が豊かになり経済活動が拡大するにつれて廃棄物の発生量は増大し，その態様も変化してきた．廃棄物は不要物であるがゆえに，ぞんざいに扱われることによって，多様な形で，また時には取り返しがつかない深刻な環境問題を引き起こすことがある（南川，2018）．

　廃棄物対策の歴史は古く，1900年（明治33年）に「汚物掃除法」が制定され，汚物掃除の義務者などが定められた．1954年（昭和29年）には，これを廃止して「清掃法」が制定された．清掃法は清潔の保持や公衆衛生の向

上を主たる目的とし，清掃事業の体制整備を図ったものである．その後，高度経済成長期における公害の激甚化とともに廃棄物問題が環境問題としても認識されるようになり，また産業廃棄物への対応も求められたことから，1970 年の公害国会において，清掃法を全面改正及び廃止する形で，「廃棄物の処理及び清掃に関する法律」（廃棄物処理法）が制定された．

　1970 年に制定された廃棄物処理法は，廃棄物を一般廃棄物と産業廃棄物に区分して定義するなど，現在の廃棄物処理体系の原型となったが，廃棄物の発生量の増加や質の多様化，不法投棄など不適正な処理事案の多発，廃棄物の越境移動への対応，ダイオキシンなど有害物質による環境汚染への懸念などに対応するため，数次にわたり規制強化を主たる内容とした法改正が行われてきた．

(2) 循環型社会の形成

　日本は，このように廃棄物の適正処理に取り組んできたものの，狭い国土で高度な経済活動を展開する上で，最終処分場の不足などの課題に直面してきた．たとえば，1993 年度時点での最終処分場の残余年数（全国平均）は，一般廃棄物が 8.1 年，産業廃棄物が 2.5 年と危機的ともいえる状況にあった．こうした本質的な課題に対応するためには，「大量生産・大量消費・大量廃棄」型の経済社会を変革し，「循環型社会」を形成する必要性が認識されるようになった．循環型社会とは，廃棄物の排出削減（Reduce），再使用（Reuse）及び再生利用（Recycle）からなる 3Rs の推進を通じて天然資源の節約と環境負荷の低減を図る社会が想定された．国内の資源の賦存量が限られている日本にとって，循環型社会の形成は資源の確保という点でも大きな意味がある．

　1999 年（平成 11 年），「平成 12 年度を「循環型社会元年」と位置付け，基本的枠組みとしての法制定を図る」こととした与党政策合意に基づき，2000 年（平成 12 年）に「循環型社会形成推進基本法」が制定された．同じく「廃棄物処理法」や「再生資源の利用の促進に関する法律」（再生資源利用促進法）の改正，「建設工事に係る資材の再資源化等に関する法律」（建設リサイクル法）や「食品循環資源の再生利用等の促進に関する法律」（食品リサイクル法），「国等による環境物品等の調達の推進等に関する法律」（グ

リーン購入法）の制定が行われるなど，循環型社会を形成するための法的基盤が整備された．

　その後も，「循環型社会形成推進基本計画」が四次にわたって策定され，循環型社会の形成に向けた施策が計画的に進められてきたほか，個別のリサイクルに関しては，「使用済自動車の再資源化等に関する法律」（自動車リサイクル法）や「使用済小型電子機器等の再資源化の促進に関する法律」（小型家電リサイクル法）が制定されることとなった．

　行政組織の面では，2001 年の省庁再編で廃棄物行政が環境省に移管されて以降，政策理念の発展や政策手法の拡大が見られた（谷津・竹本，2012）．

　加えて，国内に留まらず国境を越えた資源の循環が活発になったこともあり，3R イニシアティブや循環経済といった国際的にも循環型社会の形成を目指す動きが，今日の政策の流れとなっている．

(3) 廃棄物及び資源循環に関する基礎知識

廃棄物の定義

　廃棄物は，一般に日常生活や経済活動により排出・廃棄される不要物を指す．廃棄物処理法では，「廃棄物とは自ら利用したり他人に有償で譲り渡したりすることができないために不要になったものであって，たとえば，ごみ，粗大ごみ，燃え殻，汚泥，ふん尿等の汚物又は不要物で，固形状又は液状のものを指す」と定義している．不要物が何かについては，最高裁判所の判例（1999 年）で「占有者が自ら利用し，又は他人に有償で売却することができないために不要となった物をいい，これに該当するか否かは，その物の性状，排出の状況，通常の取扱い形態，取引価値の有無及び占有者の意思等を総合的に勘案して決するのが相当」とされた．廃棄物として判断されると，後述するように廃棄物処理法の規制が適用される．

　廃棄物処理法では，廃棄物を「一般廃棄物」と「産業廃棄物」に区分している（図 3.1 参照）．産業廃棄物は，事業活動に伴い排出される廃棄物のうち法令で定める 20 種類であり，汚染者負担の原則に基づき，排出事業者がその処理責任を負う．

　一般廃棄物は，法令上の定義は産業廃棄物以外の廃棄物とされ，家庭から出る生ごみや紙くずなどのごみ，産業廃棄物以外の事業系のごみ（例：飲食

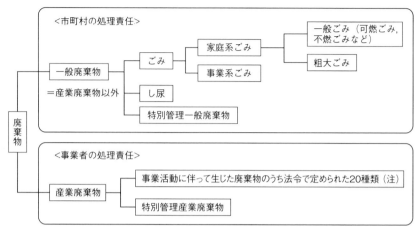

注：燃えがら，汚泥，廃油，廃酸，廃アルカリ，廃プラスチック類，紙くず，木くず，繊維くず，動植物性残さ，動物系固形廃棄物，ゴムくず，金属くず，ガラスくず／コンクリートくず／陶磁器くず，鉱さい，がれき類，動物のふん尿，動物の死体，ばいじん，輸入したごみ，上記20種類の産業廃棄物を処分するため処理したもの

図3.1　廃棄物処理法における廃棄物の分類（環境省，2019a）

　店やオフィスで発生するごみ），し尿が該当する．一般廃棄物の処理責任は市町村が負う．
　一般廃棄物及び産業廃棄物のうち，爆発性や毒性，感染性などにより人の健康や生活環境に影響が生じるおそれがあることから特別な管理が必要として指定された廃棄物が「特別管理廃棄物」で，ポリ塩化ビフェニル（PCB）や水銀などを含む廃棄物，医療廃棄物などが該当する．

　コラム　災害廃棄物への対応

　巨大地震や集中豪雨などの災害により，がれきなどの災害廃棄物は一夜にして大量に発生する．これを処分しないことには被災地の復旧が進まないことから，災害廃棄物への対応は災害発生時における最優先事項の一つといえる．とりわけ近年，東日本大震災（2011年）や熊本地震（2016年），平成30年7月豪雨（2018年），令和元年台風15号・19号（2019年）などの災害が相次ぎ，災害廃棄物対応の重要性も認識されるようになった．2015年には廃棄物処理法が改正され，災害廃棄物処理に関する基本理念の明確化や非常災害時における廃棄物処理施設の新設または活用に係る手続の簡素化，非常災害時における一般廃棄物の収集・運搬・処分等の委託の基準の緩和等が

規定された. また, 災害廃棄物に関する有識者や技術者, 業界団体等による災害廃棄物処理支援ネットワーク (D. Waste-Net) も設置され, 被災地の地方公共団体等の支援が行われている.

物質フローと廃棄物の発生状況

　環境省がとりまとめた, 日本全体のあらゆる物質を網羅した物質フロー (2016年度) は, 図3.2のとおりである (環境省, 2019a). 物質フローとは, 空間と時間で定義されたシステム内において, 物質の流れと収支バランスを定量的に明らかにしたものであり, システムの構成や全体像を把握し, フローの大きな変化を見極めることに役立つ. 図3.2が示すように, 1年間で約13億1900万トンの天然資源が投入されており, 循環利用量を合わせた総投入量は約16億トンである. 廃棄物等の発生量は約5億5100万トンであり, これは一般廃棄物や産業廃棄物の排出量に加え, 廃棄物の定義からは外れる金属スクラップなど副産物の発生量を含めた値である. このうち, 約2億4000万トンが循環利用され, 約1400万トンが埋立等により最終処分されている.

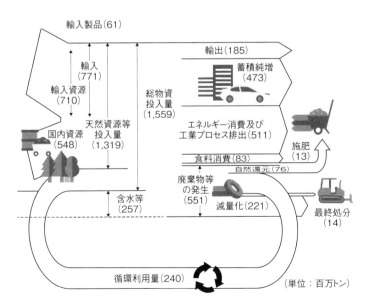

図3.2　日本の物質フロー (2016年度) (環境省, 2019a)

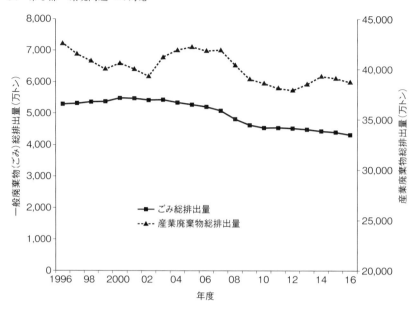

図 3.3 廃棄物排出量の推移（環境省，2019b，2019c をもとに作成）

　廃棄物の発生状況について，環境省の統計に基づき，一般廃棄物の中のごみの総排出量（環境省，2019b）と，産業廃棄物の総排出量（環境省，2019c）の推移を図示したものが図 3.3 である．ごみの総排出量は，ほぼ一貫して低減傾向にあり，2017 年度の総排出量は 4289 万トンとなっている．産業廃棄物の総排出量は増減が見られるが，全体としては低減傾向が見られ，2016 年度の総排出量は 3 億 8700 万トンとなっている．産業廃棄物の内訳は，水分が多くを占める汚泥が全体の 43.2%，次いで動物のふん尿（20.8%），がれき類（16.4%）となっている．産業廃棄物の不法投棄の件数（環境省，2019d）は，2017 年度に判明したもので 163 件，不法投棄量が 3.6 万トンとなっている．

　2016 年度の排出量のうち再生利用された量の割合（リサイクル率）は，一般廃棄物（ごみ）が 20%，産業廃棄物が 52% であり，種々雑多なごみから構成される一般廃棄物よりも，同質の廃棄物をまとめて集めやすい産業廃棄物のリサイクル率が高くなっている．

廃棄物の処理及び資源循環の技術

廃棄物は，発生→分別→収集・運搬→保管→中間処理→最終処分の順に処理が行われる（環境省，2007）．循環型社会の形成という観点からは，廃棄物の排出そのものの削減（リデュース）が最も重要であり，廃棄物の再使用（リユース）や中間処理を経た再生利用（リサイクル）がこれに続く．

廃棄物のリユースやリサイクルを効率的に行い，また適正処理を円滑に行うためには，廃棄物の発生段階での分別が重要となる．発生段階での分別によりごみの均質化が図られ，処理コストも低減される．地方公共団体では資源ごみの分別回収を行い，地域単位では空き缶や空き瓶，廃ペットボトル，古紙などの集団回収が行われている．

分別された廃棄物は，市町村によって収集される，または排出事業者自らが適正な処理のために運搬するか，許可を有する業者に収集・運搬を委託することになる．家庭ごみの収集では，ごみを機械力で車内の貯留部に押し込む機械式収集車（パッカー車）の利用が一般的である．収集区域が広い場合や中間処理施設までの距離が遠い場合には，中継施設を設けて大型輸送車への積み替えが行われるケースもある．また，廃棄物が一時的に保管される場合には，生活環境上の支障が生じないよう，保管場所の周囲に囲いを設けるなどの措置が必要になる．

収集・運搬された廃棄物は，焼却，脱水，破砕，圧縮などの中間処理が行われ，廃棄物の減量化・安定化・無害化が図られる．環境省の統計では，2016年度の総排出量のうち，一般廃棄物（ごみ）で74%（環境省，2019b），産業廃棄物で44%（環境省，2019c）が中間処理により減量化され，処理後の残さが埋立による最終処分や再生利用に回されている．

日本は，国土が狭いために最終処分場の確保が難しく，夏季に高温・多湿となることから，中間処理の方法として，減量化効果や病原菌等の減菌効果が高い焼却処理が一般的である．1990年代に廃棄物焼却施設から排出されるダイオキシンが社会問題となったが，炉内の完全燃焼を図るなどの対策によりダイオキシン排出量は大きく減少した．

廃棄物の焼却施設で発生する熱を回収し利用することは，化石燃料の削減に貢献することから，温室効果ガス削減対策としても位置付けられる．具体的には，焼却時に発生する熱をボイラーで回収し蒸気を発生させてタービン

を回す「ごみ発電」や，焼却施設からの余熱を温水や蒸気として熱供給する取組が行われている.

　中間処理後の残さのうち，再生利用できないものは埋立による最終処分が行われる. 最終処分場は，産業廃棄物の場合，処分される廃棄物の種類によって，①遮断型最終処分場，②安定型最終処分場，及び③管理型最終処分場の 3 種類に分けられる. ごみの焼却残さなど一般廃棄物の埋立処分では，管理型最終処分場に相当する処分場が設置されることが一般的である.

　①遮断型最終処分場：重金属や PCB などの有害廃棄物を処分する，最も管理が厳重な処分場であり，厚さ 35 cm 以上の鉄筋コンクリートで周囲を囲って廃棄物と環境を完全に遮断し，有害物質が環境中に漏出しない構造となっている. 埋立処分中は雨水流入防止を目的として，屋根などの覆いや雨水排除施設が設けられる.

　②安定型最終処分場：有害物や有機物等が付着していない廃プラスチック類，金属くず，ガラスくずやがれき類等の環境汚染を起こすおそれが小さい産業廃棄物を埋立処分する. これらの廃棄物は，水分を保有せず，生物化学的に安定していて分解しないため，汚染水やメタンガス等が発生しないことから，処分場の内部と外部を遮断する遮水工や，浸透水（埋立地内に浸透した地表水）の集排水施設とその処理施設を必要としない.

　③管理型最終処分場：遮断型でしか処分できないまたは安定型で処分できる産業廃棄物以外のものが埋立処分され，その分解や金属等の溶出に伴い，汚染水やガスが発生する. このため，遮水シートなどの遮水工によって埋立地内部と外部を遮断し地下水汚染を防止しているほか，発生したガスを大気中に放散させるためのガス抜き管を設置している. 処分場内で発生した汚染水は集排水管で集水され，処理施設で処理後，放流される.

　上記の埋立処分は日本の例であり，途上国では廃棄物を空き地などに野積みにしただけのオープンダンピングと呼ばれる簡易な処分が未だに行われているところも多く，周辺の水域の汚染や発生ガスによる火災が問題になっている.

　廃棄物処理においては，水銀や PCB，アスベストなど廃棄物中に含まれ

る有害物質や，廃棄物の処理過程で非意図的に生成される有害物質（例：ダイオキシン）の対策も求められる．前者については，特別管理廃棄物として収集・運搬から処分に至るまで有害物質による環境汚染を起こさないよう特別な処理が行われる．また，焼却施設から排出される硫黄酸化物や窒素酸化物などの大気汚染物質の対策も行われている．

　資源循環という観点から，3Rs に関する技術も重要である．廃棄物の排出抑制（リデュース）については，原材料の使用合理化や製品の長寿命化など設計・製造段階の技術が挙げられる．リユースに関しては，機器・装置の部品交換や分離・解体を容易にする設計などの技術がある．リサイクルについては，廃棄物を原材料に再生利用するマテリアルリサイクルとして使用済製品の種類ごとに技術が開発・利用されているほか，廃棄物の焼却時に発生する熱エネルギーを電力や蒸気の形で回収するサーマルリサイクルがある．

3.2　国内の政策

(1) 循環型社会形成推進基本法

　「循環型社会形成推進基本法」は，大量生産・大量消費・大量廃棄型の経済社会から，資源の消費が抑制され環境への負荷が少ない循環型社会を形成すべく，その基本的な枠組みとなる法律として，2000 年に制定された．

　循環型社会形成推進基本法では，循環型社会を「製品等が廃棄物等となることが抑制され，並びに製品等が循環資源となった場合においてはこれについて適正に循環的な利用が行われることが促進され，及び循環的な利用が行われない循環資源については適正な処分が確保され，もって天然資源の消費を抑制し，環境への負荷ができる限り低減される社会」と定義している．「循環資源」とは，廃棄物等のうち有用なものを指し，「循環的な利用」とは，再使用（リユース），再生利用（リサイクル）及び熱回収を指す．同法では，廃棄物等の処理について，①廃棄物等の発生抑制，②再使用，③再生利用，④熱回収，⑤適正処分，の優先順位をつけている（図 3.4 参照）．リユースとは使用済み製品を同じ用途で繰り返し用いることであり（例：使用済みのペットボトルを洗浄してボトルとして使用），リサイクルとは廃棄物等を原材料やエネルギー源として有効利用すること（例：使用済みのペットボトル

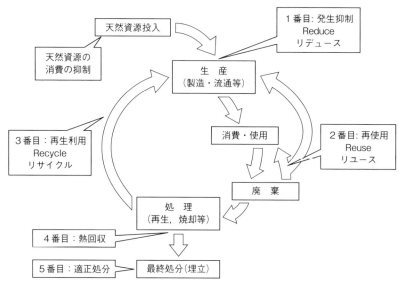

図3.4　循環型社会の優先順位（環境省，2014をもとに作成）

を原料に戻し，繊維製品などに利用）である．

　循環型社会形成推進基本法は，循環型社会の形成に向け，国，地方公共団体，事業者及び国民の責務を規定している．特に，製品・容器などの製造・販売を行う事業者が，その耐久性の向上や修理の実施体制の充実などにより，廃棄物などの発生を抑制していくことや，回収・循環的利用を行う責務を規定しており，拡大生産者責任を明示している．

　また循環型社会形成推進基本法では，循環型社会の形成を総合的・計画的に進めるため，政府が「循環型社会形成推進基本計画」を策定することとしている．

　循環型社会形成に関する法体系は，環境政策の基本的な理念と施策を定める環境基本法の下に，循環型社会形成推進基本法があり，循環型社会の形成に向けた法律として，廃棄物処理法と「資源の有効な利用の促進に関する法律」（資源有効利用促進法），そして個別の物品ごとに定められたリサイクル関連法とグリーン購入法が整備されている（図3.5）．

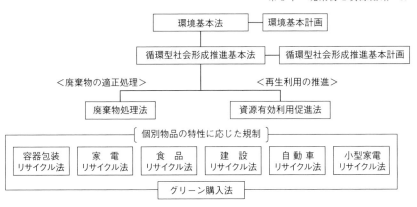

図3.5　循環型社会の形成に向けた法体系（環境省，2014をもとに作成）

コラム　拡大生産者責任

　拡大生産者責任（Extended Producer Responsibility; EPR）は，生産者が，その生産した製品が使用され，廃棄された後においても，当該製品の適正なリサイクルや処分について物理的または財政的に一定の責任を負うという考え方である．拡大生産者責任により，生産者が，廃棄されにくい，またはリユースやリサイクルがしやすい製品を開発・生産することを促し，そのための技術の開発・導入を促すインセンティブを与える．

---

(2) 循環型社会形成推進基本計画

　循環型社会形成推進基本法では，政府が環境基本計画を基本として「循環型社会形成推進基本計画」（以下「循環基本計画」）を策定することを規定している．循環基本計画は，閣議決定によって策定され，5年ごとに見直しが行われることとされている．これに基づき，2003年3月に第一次の循環基本計画が策定され，以降，これまでに第二次（2008年3月），第三次（2013年5月），第四次（2018年6月）の循環基本計画が策定されている．

　第四次計画では，中長期的な方向性として，①多種多様な地域循環共生圏形成による地域活性化，②ライフサイクル全体での徹底的な資源循環，③適正処理の更なる推進と環境再生，④万全な災害廃棄物処理体制の構築，⑤適正な国際資源循環体制の構築と循環産業の海外展開の推進，⑥循環分野にお

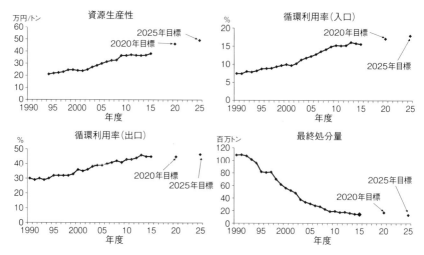

図 3.6　循環型社会形成推進基本計画に位置付けられた指標の推移
（環境省．2019a をもとに作成）

ける情報，技術，人材の基盤整備，を掲げ，その実現に向けた指標と目標を
設定している．具体的には，日本全体の物質フロー（マテリアルフロー）を
もとに，「入口」，「循環」，「出口」で，以下のとおり指標と目標を設定して
いる（図 3.6 参照）．第三次計画では 2020 年度の目標，第四次計画では
2025 年度の目標が盛り込まれた．

　物質フローにおける「入口」の指標は，資源生産性（＝GDP／天然資源等
投入量）である．天然資源等投入量とは，国産や輸入された天然資源と輸入
製品の合計量を指す．資源生産性は，天然資源等投入量あたりの国内総生産
（GDP）を算出することによって，日本全体の経済社会活動において資源が
どの程度有効に利用されているかを表すものであり，数値が高いほど効率的
な資源利用が行われていることを意味する．資源生産性の推移（環境省，
2019a）を見ると（図 3.6），2000 年度は 24.2 万円／トンであったのが 2016
年度は 39.7 万円／トンとなっており，資源生産性の向上が見られる．これ
は，リサイクルの進展など物質の効率的な利用のほかに，産業構造の変化等
による天然資源等投入量の減少も影響しているものと考えられる．2020 年
度の目標は 46 万円／トン，2025 年度の目標は約 49 万円／トンに設定され
ている．

　「循環」の指標は，入口（投入）側の循環利用率と出口（排出）側の循環利用率の 2 つがある．入口側の循環利用率（＝循環利用量／（循環利用量＋天然資源等投入量））は，天然資源等投入量のうち，循環利用（再使用・再生利用）された物質の割合を表す．このため，数値が高いほど循環利用が進んでいることを示す．入口側の循環利用率の推移（環境省，2019a）について，2000 年度の 10% から 2016 年度には 15.4% となっている（図 3.6 参照）．循環利用率の向上は，循環利用量の増大と天然資源等投入量の減少に起因すると考えられるが，近年はやや伸び悩んでいる．2020 年度の目標は 17%，2025 年度の目標は約 18% となっている．

　出口側の循環利用率（＝循環利用量／廃棄物等発生量）は，廃棄物等の発生量のうち循環利用量（再使用・再生利用量）の占める割合を表す．この指標も数値が高いほど循環利用が進んでいることを示す．本指標は，廃棄物排出事業者等の努力を的確に計測する観点や諸外国において同様の指標を採用しているところが多いとの理由で，第三次計画で補助的な指標として位置付けられ，第四次計画では正式な指標となった．出口側の循環利用率の推移（環境省，2019a）について，2000 年度の 36% から 2016 年度には 44% となっている．2020 年度の目標は 45% であり，2025 年度の目標は約 47% である（図 3.6 参照）．

　「出口」の指標は，循環利用されず自然界に戻される最終処分量であり，一般廃棄物と産業廃棄物のそれぞれの最終処分量の合計で表される．最終処分量（環境省，2019a）は，2000 年度に 5600 万トンであったが，リサイクルの進展もあって年々減少し，2016 年度には 1390 万トンとなっている（図 3.6）．2020 年度の目標は 1700 万トンであり直近の数値はすでにこの目標値を達成しており，2025 年度の目標は約 1300 万トンと設定されている．最終処分量の減少に伴って最終処分場の残余年数も伸びており，1993 年度と 2016 年度を比較すると，一般廃棄物の最終処分場の残余年数（全国平均）が 8.1 年から 20.5 年，産業廃棄物が 2.5 年から 16.7 年と増加している．

　第四次計画では，上記の 4 つの指標を代表指標とし，このほかに代表指標を点検，評価する際に要因の分析等を補助する観点から補助指標（例：一般廃棄物や産業廃棄物の出口側の循環利用率），各主体の取組の進展による物質フローの改善等の状況を捉える「項目別物質フロー指標」（例：廃棄物部

門由来の温室効果ガス排出量），各主体の取組の進展そのものをとらえる
「項目別取組指標」（例：計画期間中に整備されたごみ焼却施設の平均発電効
率）を設定し，可能な範囲で数値目標も示している．第四次計画では，これ
らの目標の達成に向けて，おおむね 2025 年までに国が講ずべき施策を列記
している．

(3) 廃棄物処理法

　廃棄物処理法は，廃棄物処理制度の根幹をなす法律であり，「廃棄物の排
出を抑制し，及び廃棄物の適正な分別，保管，収集，運搬，再生，処分等の
処理をし，並びに生活環境を清潔にすることにより，生活環境の保全及び公
衆衛生の向上を図ること」をその目的としている．1991 年の改正で，法の
目的として廃棄物の排出抑制が加えられた．

　廃棄物処理法では，「一般廃棄物」と「産業廃棄物」に区別して，一般廃
棄物の処理責任は市町村が，産業廃棄物の処理責任は，汚染者負担の原則に
基づき，排出事業者が負うこととしている．同法では，国，都道府県，市町
村，排出事業者，国民の責務を規定しており，排出者でもある国民の責務と
して「廃棄物の排出を抑制し，再生品の使用等により廃棄物の再生利用を図
り，廃棄物を分別して排出し，その生じた廃棄物をなるべく自ら処分するこ
と等により，廃棄物の減量その他その適正な処理に関し国及び地方公共団体
の施策に協力しなければならない」としている．国の責務には，市町村及び
都道府県に対して技術的及び財政的援助を与えることが含まれており，循環
型社会形成推進交付金による廃棄物処理施設の整備に対する財政的支援など
が行われている．

　廃棄物処理法とその関連法令では，廃棄物処理基準や廃棄物処理業，廃棄
物処理施設について規定している．廃棄物処理基準については，一般廃棄物
と産業廃棄物について，収集・運搬，保管，処分，再生に関する基準や，処
理業者に対する委託の基準を規定している．

　廃棄物処理業を行う場合には，原則として，一般廃棄物の場合には，当該
業を行おうとする区域を管轄する市町村長の許可，産業廃棄物の場合には，
当該業を行おうとする区域を管轄する都道府県知事の許可が必要となる．ま
た，収集・運搬と処分では，別の許可が必要になる．

　焼却施設や最終処分場など廃棄物処理施設を設置する場合には，一般廃棄物，産業廃棄物とも，原則として，施設を設置しようとする地を管轄する都道府県知事の許可を受けなければならない．ただし，市町村が一般廃棄物の処分を行うために一般廃棄物処理施設を設置しようとする場合には，都道府県知事への届出で足りる規定となっている．

　産業廃棄物については，排出事業者が廃棄物の処理の流れを的確に把握・管理することを目的とした，産業廃棄物管理票（マニフェスト）の制度が，廃棄物処理法に規定されている．これは，排出事業者が産業廃棄物を収集運搬業者に渡す際や，収集運搬業者が処分業者に産業廃棄物を渡す際などに，産業廃棄物の種類や数量，排出事業者名，収集運搬業者名，処分業者名を記載したマニフェストを交付するものであり，管理票の写しが排出事業者等に回付される．マニフェストは元々は紙媒体により管理されていたが，近年は作業効率と情報管理の観点からできるだけ電子媒体（「電子マニフェスト」と称されている）に移行することが奨励されている．

　上記の規制の遵守を図るため，廃棄物処理法では，これらの規定に違反した場合の罰則を設けている．

コラム　PCB の処理

　ポリ塩化ビフェニル（Polychlorinated Biphenyl; PCB）は，熱で分解しにくく電気絶縁性が高いとの性質から，トランスやコンデンサ等の電気機器の絶縁油や，熱交換器の熱媒体など様々な用途に使用されてきたが，1968 年のカネミ油症事件により人体に対する毒性が明らかになり，1974 年以降，製造・輸入・使用が禁止された．その後，PCB を含んだ廃棄物は，事業者の下で保管されてきたが，紛失や漏洩が発生し，環境汚染が懸念される状況であった．一方，国際的には，2004 年に「残留性有機汚染物質に関するストックホルム条約（POPs 条約）」が発効し，PCB に関して 2028 年までの適正な処分を求められることとなった．こうした状況を受け，2001 年に「ポリ塩化ビフェニル廃棄物の適正な処理の推進に関する特別措置法」（PCB 特別措置法）が制定され，保管事業者による PCB 廃棄物の処分が義務付けられた．この制度の下で，高濃度の PCB 廃棄物については，中間貯蔵・環境安全事業株式会社が処分を受託し，全国 5 ヵ所（室蘭，東京，豊田，大阪，

北九州）の PCB 処理事業所において，無害化処理が行われている．

(4) 循環型社会形成に関連する法律

　資源有効利用促進法や各種リサイクル法（容器包装リサイクル法，家電リサイクル法，食品リサイクル法，建設リサイクル法，自動車リサイクル法，小型家電リサイクル法）は，循環型社会の骨格となる法律であり，これらの概要については以下のとおりである．

資源有効利用促進法

　資源有効利用促進法は，1991 年に制定された再生資源利用促進法を抜本的な改正する形で，2000 年に制定された．同法は，10 業種・69 品目を法の対象業種・対象製品として，事業者に対し 3Rs の取組を求めている．

　具体的には，紙・パルプ製造業や製鉄業など「特定省資源業種」の対象となった業種については，副産物の発生抑制等に，ガラス容器製造業や複写機製造業など「特定再利用業種」の対象となった業種については，再生資源または再生部品の利用に取り組むことを求めている．

　また，「指定省資源化製品」（原材料などの使用の合理化，長期間の使用の促進，その他の使用済み物品などの発生の抑制に取り組むことが求められる製品）や，「指定再利用促進製品」（再生資源または再生部品の利用促進に取り組むことが求められる製品）として，自動車や家電製品，パソコンなどを対象とし，これら製品の製造事業者に取組を求めている．スチールやアルミ製の缶やペットボトルなどは「指定表示製品」とされ，製造・輸入事業者に，分別回収のための表示を行うことを求めている．パソコンや小型二次電池は「指定再資源化製品」の対象となり，製造・輸入事業者は，自主回収及び再資源化に取り組むことが求められる．石炭火力発電所から発生する石炭灰などは「指定副産物」の対象となり，再生資源としての利用の促進に取り組むことを求めている．

容器包装リサイクル法

　ペットボトルやビン・缶，レジ袋やプラスチック製の食品トレイなど，商

品を入れる「容器」や商品を包み込む「包装」は，中身の商品が消費されると廃棄物となり，環境省（2006）によれば家庭ごみの約6割（容積比率）を占める．1995年に制定された「容器包装に係る分別収集及び再商品化の促進等に関する法律」（容器包装リサイクル法）は，消費者が容器包装廃棄物の分別排出に協力し，市町村が分別収集を行い，事業者（容器の製造事業者や容器包装を用いて中身の商品を販売する事業者）が再商品化を行うという役割分担を規定している．事業者は，再商品化の義務の履行にあたって，指定法人（公益財団法人容器包装リサイクル協会）に再商品化を委託することができる．指定法人は，入札により再商品化事業者を選定して再商品化を当該事業者に再委託することになる．

家電リサイクル法

1998年に制定された「特定家庭用機器再商品化法」（家電リサイクル法）は，消費者が廃家電製品の収集運搬料金とリサイクル料金を支払い，小売業者が廃家電製品の引き取りと製造事業者等への引き渡しを行い，製造業者等が引き取りと再商品化（リサイクル）を行う役割分担を規定している．現在，家庭用エアコン，テレビ，冷蔵庫・冷凍庫，洗濯機の4品目が同法の対象となっており，製造事業者等は，同法に基づき規定されたリサイクル率（品目ごとに50-70%）を達成することが求められている．

食品リサイクル法

食品の売れ残りや食べ残しとして，あるいは製造・加工過程などから排出される食品廃棄物は，豊かな社会の負の側面でもある．2000年に制定された「食品循環資源の再生利用等の促進に関する法律」（食品リサイクル法）は，これらの食品廃棄物について，事業者及び消費者はその発生抑制に努め，食品の製造・流通・販売や外食に携わる食品関連事業者は，主務大臣（環境大臣，農林水産大臣等）が定める基準に従い再生利用等に取り組むことを規定している．主務大臣はこの基準に基づき食品関連事業者に対し，指導，助言，勧告及び命令を行うことができる．また，同法では，食品循環資源の肥飼料化等を行う事業者についての登録制度や，食品関連事業者による再生利用計画の認定制度を規定している．

建設リサイクル法

　2000年に制定された「建設工事に係る資材の再資源化等に関する法律」（建設リサイクル法）では，コンクリート，コンクリート及び鉄からなる建設資材，木材，アスファルト・コンクリートの4品目を特定建設資材として指定し，これらを用いた建築物の解体工事等において，その受注者に対し分別解体や再資源化等を行うことを義務付けている．同法の対象となる工事の基準として，床面積 80m² 以上の建築物の解体工事等が設定されている．また，同法は，発注者による工事の事前届出制度や解体工事業者の登録制度を規定している．

自動車リサイクル法

　2002年に制定された「使用済自動車の再資源化等に関する法律」（自動車リサイクル法）は，自動車製造業者及び輸入業者が自らが製造または輸入した自動車が使用済となった場合，その自動車から発生するフロン類，エアバッグ類及び自動車破砕残さを引き取り，リサイクル（フロン類については破壊）を行うことを義務付けている．自動車破砕残さはシュレッダーダストとも呼ばれ，廃自動車を破砕し，金属などを回収した後に残るプラスチック・ガラス・ゴムなど様々な物質の混合物を指す．また，同法は，使用済自動車のリサイクル・適正処理における引取業者，フロン類回収業者，解体業者・破砕業者の役割を定めている．リサイクル料金は自動車所有者が原則として新車の購入時に負担し，支払われたリサイクル料金は国から指定を受けた資金管理法人（公益財団法人自動車リサイクル促進センター）が管理する．

小型家電リサイクル法

　携帯電話やデジタルカメラなどの小型電子機器は，鉄やアルミニウム，希少金属を含み，そのリサイクルは資源の有効活用という点で重要である．2012年に制定された「使用済小型電子機器等の再資源化の促進に関する法律」（小型家電リサイクル法）では，使用済小型電子機器等の再資源化事業を行おうとする者が，再資源化事業計画を作成し主務大臣（環境大臣及び経済産業大臣）の認定を受けることで，廃棄物処理業の許可を不要とすることを規定し，小型電子機器の広域的・効率的な回収を促進している．市町村や，

家電量販店などの小売業者は，使用済小型電子機器を消費者から回収し，認定を受けた再資源化事業者に引き渡す．同法の対象として，携帯電話やデジタルカメラ，ゲーム機などの28類型の品目が指定されている．

グリーン購入法

　「国等による環境物品等の調達の推進等に関する法律」（グリーン購入法）は，再生品等に対する需要を確保すべく，2000年に制定された．同法は，国等が自ら率先して環境物品等（環境負荷低減に資する物品及びサービス）を調達することで，社会全体の需要の転換の呼び水となることを狙いとしている．具体的には，国が環境物品等の調達の推進に関する基本方針を定め，これに即して，国及び独立行政法人等が毎年度，調達方針を作成・公表し，具体的目標を定めて環境物品等の調達を推進することを規定している．基本方針では，調達を推進すべき環境物品等（例えば古紙パルプを配合したコピー用紙）の判断基準を定めている．地方公共団体及び地方独立行政法人については，調達方針を定めて環境物品等の調達の推進に努めること，国民及び事業者については，できる限り環境物品等の選択に努めることが規定されている．

3.3　国際的な展開

　廃棄物や循環資源は，国内に留まらず国境を越えて移動している．中央環境審議会（2017）によれば，循環資源の輸出量は，2015年で約3000万トン（2000年で約700万トン）であり，2000年と比較すると約4倍に増加している．こうした現状を背景に，廃棄物や循環資源に関する政策は，今日では国内に留まらず，国際的な広がりを持つに至っている．国際的な政策は，①資源の浪費による地球環境への負荷の増大に対応すべく持続可能な生産と消費（Sustainable Consumption and Production; SCP）を求めるものや国際的な循環型社会の形成を志向するもの，及び②廃棄物の不適正処理に由来する有害物質の環境汚染に対応したもの，に大別される．前者は，廃棄物等に留まらずエネルギーなどを含めることがあるが，日本の循環型社会形成の取組と共通する部分が多く，「持続可能な生産と消費」「3Rイニシアティブ」「資源効率性及び循環経済」の3つの政策を以下に紹介する．後者は，「有害廃棄

物の国境を越える移動及びその処分の規制に関するバーゼル条約」（以下「バーゼル条約」）の実施が該当する．

(1) 持続可能な生産と消費

1992 年にブラジル・リオデジャネイロで「環境と開発に関する国連会議」（リオ・サミット）が開催された．この会議で採択されたアジェンダ 21 において，持続可能な生産と消費が取り上げられ，注目を集めることとなった．アジェンダ 21 の第 4 章「消費形態の変更」は，持続可能でない生産と消費の形態を変更するために各国が政策と戦略を策定することを促し，廃棄物の発生量の削減などの具体的な取組を列記している．

2002 年に南アフリカ・ヨハネスブルグで開催された「持続可能な開発に関する世界首脳会議」では，「ヨハネスブルグ・サミット実施計画」が採択された．同計画の第 3 章「持続可能でない生産及び消費形態の変更」では，「持続可能な生産及び消費形態への転換を加速するための計画に関する 10 年間の枠組みの策定を奨励し，促進する」ことが盛り込まれた．これを受けた国際会議が，翌年（2003 年）にモロッコ・マラケシュで開催され，持続可能な生産と消費に関し国際的な進展を後押しするマラケシュ・プロセスが立ち上げられた．なお，日本は，循環型社会形成推進基本計画が上記の 10 年間の枠組みの規定に対応するものとしている．

2012 年にブラジル・リオデジャネイロで開催された「国連持続可能な開発会議（リオ＋20）」では，「国連持続可能な消費と生産 10 年計画枠組み（10-Year Framework of Programmes on Sustainable Consumption and Production Patterns; 10YFP）」が合意された．これは，先進国及び途上国がともに持続可能な消費と生産への転換を加速化させていくための国際的な枠組みである．

こうした流れを経て，2015 年に持続可能な開発目標（SDGs）が合意され，この中でゴール 12 として「持続可能な生産消費形態を確保する」ことが掲げられることになった．

(2) 3R イニシアティブ

日本は，循環型社会の形成を掲げ国内における 3Rs の推進に国際社会の

中でいち早く取り組むとともに，これを国際的にも提唱している．2004 年 6 月に米国で開催された G8 シーアイランドサミットで，小泉純一郎首相（当時）は，3Rs の取組を通じて循環型社会の構築を国際的に推進する，3R イニシアティブを提唱した．この 3R イニシアティブは各国首脳の賛同を得て，「G8 行動計画：持続可能な開発のための科学技術：3R 行動計画及び実施の進捗」として採択された．その後，2005 年 4 月には，3R イニシアティブ閣僚会合が日本政府の主催により東京で開催され，国際的に 3Rs を推進していくことで合意され，3R イニシアティブが公式に開始された．

　その後，2008 年 5 月に神戸で開催された G8 環境大臣会合では，3Rs の国際的取組が進展していることが確認され，今後 G8 各国が 3R の一層の推進に向けて取り組む具体的な行動が列挙された「神戸 3R 行動計画」が合意された．同計画は，同年 7 月に北海道洞爺湖で開催された G8 北海道洞爺湖サミットにおいても支持された．

　国際的な資源循環を通じた資源の効率的な利用と環境負荷の低減という観点では，アジアでの 3Rs の推進が重要となる．このため，アジア地域での循環型社会の構築を目指して，環境省の主催により，3R 関連の国際会議が 2006 年以降 2019 年 3 月までに 11 回開催され，3R 推進のための地域協力のプラットフォームを構成している．

(3) 資源効率性及び循環経済

　日本が提唱した 3R イニシアティブや循環型社会と類似の文脈で，国際社会では，資源効率性（Resource Efficiency）や循環経済（Circular Economy）が注目を集めるようになってきている（細田・山本，2017）．2015 年にドイツで開催された G7 エルマウ・サミットの首脳宣言では，G7 各国が「持続可能な資源管理と循環型社会を促進するためのより広範な戦略の一部として，資源効率性を向上させるための野心的な行動をとる」こととし，資源効率性のための G7 アライアンスの設立に合意した．

　2016 年に富山で開催された G7 環境大臣会合は，資源効率性・3R に関する G7 のイニシアティブの進展を確認し，こうした取組を G7 が先導していくための具体的な行動を盛り込んだ「富山物質循環フレームワーク」に合意し，これは同年開催された G7 伊勢志摩サミットにおいても支持された．

　循環経済については，ドイツが各国に先駆けて 1994 年に「循環経済廃棄物法」を制定し，中国が 2000 年頃から廃棄物だけでなくエネルギーや水資源も含めて循環経済を推進する施策を展開してきている．2015 年には，EU が循環経済行動計画（Closing the loop — An EU action plan for the Circular Economy）を発表し，プラスチック，食品廃棄物，原材料，建設解体，バイオマスを優先分野に，循環経済への移行のための取組を明確化した（粟生木，2018）．また，フィンランドの主導で世界循環経済フォーラムが設立され，第 1 回（2017 年）がフィンランド・ヘルシンキ，第 2 回（2018 年）が横浜で開催された．

(4) バーゼル条約

　1970 年代から，先進国で発生した廃棄物が，処理費用が安く規制も緩い開発途上国に輸出され，現地で環境汚染が生じるという問題が発生した．このような課題に対処するため，「有害廃棄物の国境を越える移動及びその処分の規制に関するバーゼル条約」（バーゼル条約）が 1989 年に採択され，1992 年に発効した（日本は 1995 年に加入）．バーゼル条約では，有害廃棄物を輸出する場合には，あらかじめ，通過国・輸入国に対して当該輸出の概要について事前に通告し，相手国から輸出の同意を得ないと輸出できないことを規定している．また，有害廃棄物の輸出が結果として不法取引となる場合には，輸出国は，当該廃棄物の引取を含む適当な措置を講じることとしている．

　バーゼル条約を実施するための担保法として，1992 年に「特定有害廃棄物等の輸出入等の規制に関する法律」（バーゼル法）が制定され，また，廃棄物処理法が改正された．バーゼル法では，同法に規定する特定有害廃棄物等を輸出しようとする場合には，あらかじめ，輸出の相手国の書面による同意，バーゼル法に基づく環境大臣の確認，外国為替及び外国貿易法（外為法）に基づく経済産業大臣の承認が必要となることを規定している．輸入の場合には，相手国からの書面による通告と外為法に基づく経済産業大臣の承認が必要となる．輸出入のいずれにおいても，貨物を運搬する際の移動書類の携帯と，同書類に記載された内容に従った処分を求めている．また，廃棄物処理法では，同法に規定する廃棄物を輸出しようとする場合には，環境大

臣による確認と，外為法に基づく経済産業大臣の承認が必要であることを規定している．

コラム　海洋プラスチックごみ

　近年，海洋プラスチックごみへの対応が国内外の環境政策の重要課題となっている．人工的に合成された製品であるプラスチックは，軽量で耐久性があり安価でもあることから利便性が高い．一方で，レジ袋やペットボトルなど 1 回限りの使用が中心の製品も多く，毎年 480 万-1270 万トンのプラスチックごみが海洋に流出しているという試算がある（Jambeck et al., 2015）．これらは劣化や破砕などによりマイクロプラスチックと呼ばれる 5mm 以下の微細なプラスチックごみとなり，地球規模で海洋を浮遊する．プラスチックには添加剤や難燃剤などの化学物質が含まれている上，環境中を移動する過程で付着する化学物質もあり，マイクロプラスチックを海洋生物が誤食などで体内に取り込み，これらが食物連鎖を通じて生態系全体に影響を与えることが懸念される．

　こうした状況の中，国際社会において海洋プラスチックごみが G7 や G20 などの場で取り上げられるようになり，2019 年 6 月に長野県軽井沢町で開催された「G20 持続可能な成長のためのエネルギー転換と地球環境に関する関係閣僚会合」では，各国が自主的な対策を講じ，その取組を継続的に報告・共有することなどを内容とした「G20 海洋プラスチックごみ対策実施枠組」に合意した．その翌月の 2019 年 7 月に大阪府大阪市で開催された G20 大阪サミットでは，この実施枠組みを支持するとともに，2050 年までに海洋プラスチックごみによる追加的な汚染をゼロにすることを目指す「大阪ブルー・オーシャン・ビジョン」に合意した．このほか，第 4 回国連環境総会（2019 年 3 月，ケニア・ナイロビ）では，海洋プラスチックごみ等について国際的な取組の進捗レビューや対策オプションの分析を行うことなどを決議し，バーゼル条約第 14 回締約国会議（2019 年 5 月，スイス・ジュネーブ）では汚れたプラスチックごみの同条約の規制対象物への追加等を決定した．加えて，日本からの廃プラスチックの輸出先であったアジア諸国において，プラスチックごみの輸入に制限をかける措置がとられるようになった．

　こうした国際的な動きに対応し，国内では，2019 年 5 月，環境省など関係省庁が 3R+Renewable（再生可能資源への代替）を基本原則とし，プラスチックの資源循環，海洋プラスチック対策，国際展開，基盤整備を重点的に

行う「プラスチック資源循環戦略」をとりまとめた.

3.4　今後の課題と展望

　廃棄物分野における環境政策の対象範囲は,廃棄物の適正処理から循環型社会の形成へ,また国内に留まらず国際へと広がってきた.これまでの大きな変化を踏まえつつ,今後の課題と展望として,以下の四点を述べたい.

　まず第一点は,SDGs(第7章・第8章参照)を念頭に置いた政策の展開である.SDGs のゴール12 は「持続可能な生産消費形態を確保する」ことを目標に掲げており,そのターゲットとして,2030 年までの天然資源の持続可能な管理及び効率的な利用の達成や,廃棄物の発生防止,削減,再生利用及び再使用による廃棄物の発生の大幅削減などを掲げている.このように,ゴール12 の目指すべき方向は,まさに日本の政策の発展と軌を一にしたものであり,ゴール12 を意識した政策の展開が国際的にも日本の立ち位置を明確にする.また,循環資源の国際的な移動を踏まえれば,3R 政策は国内だけでは完結しなくなっており,そうした点でも,国際社会の共通目標であるSDGs の達成に取り組むことの意味は大きい.さらに,日本のこれまでの経験を考慮すれば,日本はこの分野でリーダーシップを発揮できる立場にある.

　第二点は,日本のこれまでの経験を活かした国際協力の推進である.第一点とも関連するが,循環型社会の形成を通じた資源の節約と環境負荷の低減は,日本だけでなく世界共通の課題である.また,かつての日本と同様に,廃棄物の適正処理が大きな課題となっている途上国も少なくない.このため,国際協力を通じて,この分野における日本の技術や制度を移転し,人材育成に貢献することが求められる.

　第三点は,この分野のビジネスとしての発展である.廃棄物業者においては,「廃棄物の処理・処分」の受け手から「資源とエネルギーを製造」する創り手へと飛躍することが期待されている(森谷,2016).循環産業や静脈産業とも呼ばれる,この分野の産業をビジネスとして発展させていくことが,設備投資を促し,新規技術の開発や優れたサービスの提供などにつながると

ともに，国際的にも競争力のある産業を育てることにもなる．

　第四点として，廃棄物の適正処理の重要性が不変であることを挙げる．循環型社会を形成する前提として，廃棄物が適正に分別回収され，かつ廃棄物の処理や再資源化に対するコストが適正に負担されることが必要である．経済活動や生活スタイルは時とともに変化しており，廃棄物の発生形態やその質も変化している．このため，廃棄物の適正処理についても絶えず点検し，必要に応じて制度を見直していくことが求められる．

引用文献

粟生木千佳（2018）欧州の資源効率・循環経済政策の動向，地球環境戦略研究機関ディスカッションペーパー．https://www.iges.or.jp/jp/circular-economy/image/EU-CEreport_201809.pdf

環境省（2006）容器包装廃棄物の使用・排出実態調査（平成 18 年度）．https://www.env.go.jp/recycle/yoki/c_2_research/research_01.html

環境省（2007）平成 19 年版環境白書・循環型社会白書．http://www.env.go.jp/policy/hakusyo/h19/index.html

環境省（2014）日本の廃棄物処理の歴史と現状．https://www.env.go.jp/recycle/circul/venous_industry/ja/history.pdf

環境省（2019a）令和元年版環境白書・循環型社会白書・生物多様性白書．http://www.env.go.jp/policy/hakusyo/r01/pdf.html

環境省（2019b）一般廃棄物の排出及び処理状況等（平成 29 年度）について．https://www.env.go.jp/press/files/jp/press/1dtgw29.pdf

環境省（2019c）産業廃棄物の排出及び処理状況等（平成 28 年度実績）について．http://www.env.go.jp/press/files/jp/110521.pdf

環境省（2019d）産業廃棄物の不法投棄等の状況（平成 29 年度）について．https://www.env.go.jp/press/mat-huhou%20.pdf

中央環境審議会（2017）第三次循環型社会形成推進基本計画の進捗状況の第 3 回点検結果について．https://www.env.go.jp/press/files/jp/106015.pdf

細田衛士・山本雅資（2017）循環型社会の構築に向けて―課題と展望―．環境経済・政策研究，10（1）：1-12.

南川秀樹（2018）『廃棄物行政概論』一般財団法人日本環境衛生センター，155 pp.

森谷賢（2016）『産業廃棄物と資源循環』環境新聞社，138 pp.

谷津龍太郎・竹本和彦（2012）環境省における循環型社会形成政策の発展．環境研究，165：113-125.

Jambeck J. R., Geyer R., Wilcox C., Siegler T. R., Perryman M., Andrady A., Narayan R. and Law K. L.（2015）"Plastic Waste Inputs from Land into the Ocean", Science, Vol. 347, Issue 6223, 768-771.

第4章　気候変動

4.1　気候変動の科学

(1) 気候変動に関する基礎知識

　気候変動（Climate Change）について，人為的な気候異変に焦点をあてて解説する．「気候変動に関する国際連合枠組条約」（United Nations Framework Convention on Climate Change; UNFCCC，気候変動枠組条約）は，気候変動について「地球の大気の組成を変化させる人間活動に直接又は間接に起因する気候の変化であって，比較可能な期間において観測される気候の自然な変動に対して追加的に生ずるもの」と規定している（第1条第2項）．気候変動は，「地球温暖化」（Global Warming）と同義で使われることが多いが，この場合は単に暖かくなることではなく，干ばつ，熱波，洪水などの極端な気象現象，これに伴う人的・経済的被害，耕作地帯への悪影響，自然生態系の損傷，海面上昇など「気候変動の悪影響」（「気候変動に起因する自然環境又は生物相の変化であって，自然の及び管理された生態系の構成，回復力若しくは生産力，社会及び経済の機能又は人の健康及び福祉に対し著しく有害な影響を及ぼすもの」）の文脈として扱われる（第1条第1項）．

　気候変動問題は，地球温暖化問題として1970年代からすでに着目されてきた．その後国際的な枠組みの中でとらえられるようになったのは，「気候変動に関する科学的知見整理のための国際会議」（1985年，フィラハ会議）が発端であった．この議論を受け，1988年に国連環境計画（United Nations Environment Programme; UNEP），世界気象機関（World Meteorological Organization; WMO）により「気候変動に関する政府間パネル」（Intergovernmental Panel on Climate Change; IPCC) が設立された. IPCC は 1990 年以来 2014 年まで五次にわたる評価報告書や特別の課題に対する世界の科学的知見を集約した特別報告書をとりまとめる等, 気候変動枠組条約における交渉の場において科学的な知見を提供することを通じ国際社会に貢献している.

コラム　IPCC とは

国連環境計画（UNEP）・世界気象機関（WMO）により 1988 年に設置された政府間機関. 参加国 195 ヵ国. 世界の政策決定者等に対し, 正確でバランスの取れた科学的知見を提供し, 気候変動枠組条約の活動を支援している. 科学者による気候変動の原因や影響等の論文について評価を行い, その結果を評価報告書としてとりまとめている. 政策判断はしないが, 政策を科学的に支援することをその使命としている. 気候変動に関する国際交渉の節目に統合報告書をとりまとめており, こうした国際社会への貢献が評価され, 2007 年にノーベル平和賞を受賞している.

　気候変動問題への対応には, 主に緩和策と適応策の 2 つがある. 緩和策（Mitigation）は地球温暖化の進行を緩和することであり, 温室効果ガスの排出を減らす対策や森林等の二酸化炭素吸収作用の保全や強化のことである. 具体的には省エネルギー（使用量を減らす）, 再生可能エネルギー（温暖化の原因物質である二酸化炭素を出さない）の普及, 植林といった方策が挙げられる. もう一つの適応策（Adaptation）は, すでに現れている影響や中長期的に避けられない影響を回避・軽減する対策のことである.

(2) 地球温暖化のメカニズム

　地球は太陽からのエネルギーを受け, 地表面が暖まる. 地球の大気には温室効果ガスが含まれており, これらの気体は赤外線を吸収して再び放出する性質があるため, 太陽からの光で暖められた地球の表面から熱放射として放出された赤外線の多くが大気に吸収され, 大気が暖まる. 温室効果ガスがなければ地球の表面の気温はマイナス 19℃ になるといわれており, 温室効果ガスの存在によって世界平均気温は約 14℃ に保たれている. このため, 温室効果自体は人類にとって良い効果をもたらしている. しかし産業革命以降,

・太陽からのエネルギーで地表面が暖まる.
・地球の大気には温室効果ガスが含まれる. これらの気体は赤外線を吸収し, 再び放出する性質があるため, 太陽からの光で暖められた地球の表面から熱放射として放出された赤外線の多くが, 大気に吸収される (大気が暖まる).

・温室効果ガスがなければ, 地球の表面の気温は-19℃
・温室効果ガスの存在で世界平均気温は約14℃

産業革命以降, 人間は化石燃料を大量に燃やし, 大気中への温室効果ガスの排出を急速に増加

温室効果ガス (赤外線の吸収) がこれまでより強くなり, 地表面の温度が上昇する.

地球温暖化

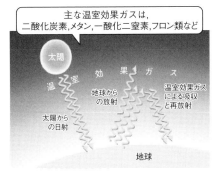

主な温室効果ガスは,
二酸化炭素,メタン,一酸化二窒素,フロン類など

太陽

温室効果のメカニズム

図 4.1　温室効果のメカニズム (環境省, 2016)

人間はエネルギー源として化石燃料を大量に燃焼した結果, 大気中への温室効果ガスの排出を急速に増加させた. これにより, 温室効果 (赤外線の吸収) がこれまでより強くなり地表面の温度が上昇することになった. これを「地球温暖化」と呼んでいる (図 4.1).

　主な温室効果ガスは, 二酸化炭素, メタン, 一酸化二窒素, フロン類などで, ガスによって温室効果の度合いも異なる. 様々な温室効果ガスが存在するが, 温室効果ガスの主役は, 排出量が格段に大きい二酸化炭素 (CO_2) といえる.

(3) 過去のトレンド (実測)

　IPCC の評価報告書では, 気候システムの温暖化には疑う余地がないとされている. また気候システムへの人間の影響は明瞭で, 人為起源の温室効果ガスの排出が, 20 世紀半ば以降の観測された温暖化の支配的な原因とされ, これは, きわめて高い可能性 (発生可能性は 95% 以上) がある事象とされている. なお IPCC の評価報告書においては評価結果の「可能性」と「確信度」を表す用語を一貫した基準に基づき使用しており, 例えば第 5 次評価報告書で「可能性」の表現は発生可能性の確率にあわせて 11 段階設けられて

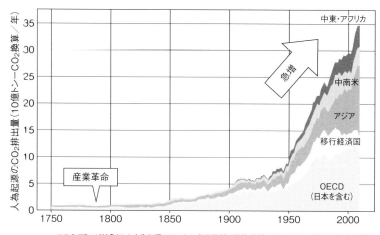

※このグラフが対象とした人為起源のCO₂とは,化石燃料の燃焼,燃料の漏出,セメント生産,林業・土地利用
出典:IPCC AR5 WG3 TS(Final Draft)TS2

図 4.2　CO_2 の地域別・人為起源の排出推移(環境省, 2016)

いる.

18 世紀後半の産業革命以後, CO_2 は増加傾向が続いている. 1970 年代までは先進国が多くの CO_2 を排出してきたが, 近年は途上国, 特にアジア地域からの排出量が増加している(図 4.2). また世界平均の気温データは, 複数のデータセットが存在する 1880-2012 年の間で 0.85 ℃(90% 信頼区間は 0.65-1.06 ℃)の上昇を示している. 過去 30 年の各 10 年間の世界平均気温は, 1850 年以降のどの 10 年間よりも高温になっている(図 4.3).

IPCC では, ここ数十年, 全ての大陸と海洋において, 気候変動による自然及び人間システムへの影響が現れていることを明らかにしている. 複数の分野や地域に及ぶ気候変動による確信度の高い主要なリスクとして, 以下の 8 つが挙げられている(IPCC, 2014).

i)　海面上昇, 沿岸での高潮被害などによるリスク

ii)　大都市部への洪水による被害のリスク

iii)　極端な気象現象によるインフラ等の機能停止のリスク

iv)　熱波による, 特に都市部の脆弱な層における死亡や疾病のリスク

v)　気温上昇, 干ばつ等による食料安全保障が脅かされるリスク

vi)　水資源不足と農業生産減少による農村部の生計及び所得損失のリスク

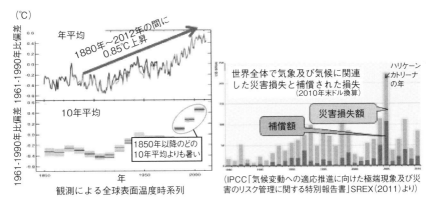

図 **4.3**　気候システムの変化（環境省，2016 をもとに筆者作成）

　vii）沿岸海域における生計に重要な海洋生態系の損失リスク

　viii）陸域及び内水生態系がもたらすサービスの損失リスク

　また近年，世界各地で異常気象・気候に伴う災害が頻発し，多くの被害が生じている（図 4.3）．例えばハリケーン「カトリーナ」（2005 年 8 月）により米国ルイジアナ州を中心に 1833 人が死亡し，また高潮で大被害を受けている（米国海洋大気庁）．また，2011 年 10-11 月にインドシナ半島では雨季を通じた多雨により，タイで 530 人以上が死亡し，洪水による冠水により工場の生産設備に大きな被害が生じたほか，カンボジアで 240 人以上，ベトナムで 40 人以上の死亡が報告されている．個々の異常気象は必ずしも温暖化の直接影響によるものとはいえないが，温室効果ガスの増加により，極端な気象現象の頻度増加をもたらした可能性がある．

（4）将来予測による世界全体への影響

　将来予測については，どのような対策を取るかによって様々なシナリオが考えられる．IPCC 評価報告書は，今世紀末の気温上昇は，現状以上の厳しい温暖化対策が取られなかった場合は産業革命前と比べて 2.6-4.8℃，厳しい温暖化対策を取った場合は 0.3-1.7℃ 上昇するとの予測結果を明らかにしている（IPCC，2014）．

　また分野ごとの影響についても，将来予測の情報が蓄積されつつある．例えば気候変動の淡水資源に関するリスクは，温室効果ガス濃度の上昇に伴い

著しく増加すること，21世紀にわたる気候変動は，ほとんどの乾燥亜熱帯地域において再生可能な地表水と地下水資源を大幅に減少させ，分野間の水の争奪を激化させるとともに，水不足をもたらすとしている．さらに主要な河川の洪水による影響を受ける世界の人口の割合は，温暖化の段階とともに増加する等の見解が示されている．加えて，陸域及び淡水の生物の大部分は，特に生息地の改変，乱獲，汚染，侵入種のような他の圧力と気候変動が相互作用することにより，増大する絶滅リスクに直面するといわれており，多くの種は，21世紀中の中程度から速い速度の気候変動の下では，それぞれの種に適した気候に追従することができないとされる．

　こうしたリスクを低減するために，今後数十年間の大幅な温室効果ガス排出削減がきわめて重要とされている．IPCCでは，21世紀以降の気候リスクの低減につなげるため，2℃目標の緩和経路は複数あるものの，どの経路においても温室効果ガス排出量を①2050年に40-70%削減（2010年比），②21世紀末までに排出をほぼ実質ゼロとすること，が必要としている．例えば2100年までに温室効果ガス濃度が約450ppm（CO_2換算）に達し，産業革命前に比べて気温上昇を2℃未満に抑えられる可能性が高いシナリオでは，温室効果ガス排出量は2010年と比べて2050年に40-70%低く，2100年にはほぼゼロまたはマイナスになる．その場合，世界全体でエネルギー効率がより急速に改善し，CO_2をほとんど排出しない，再生可能エネルギー，原子力発電，CO_2の回収・貯留技術を伴った火力発電，バイオマスエネルギーなどの割合が2050年までに現状の3倍から4倍近くになる．

　2030年までに，現状以上の緩和努力の実施が遅れた場合，産業革命前に比べて気温上昇を2℃未満に抑え続けるための選択肢の幅が狭まることから，早期の緩和対策が不可欠とされている．

(5) 日本への影響

　日本の気温についても，年変動は大きいものの，長期的に上昇傾向にある（100年あたり1.15℃）．気温上昇の影響は熱中症の患者数にも現れており，2018年7月には埼玉県熊谷市で観測史上最高の41.1℃を記録し，7月16日から22日までの熱中症による救急搬送人員数は過去最多を更新した．気温以外の気候システムの変化としては，集中豪雨の頻度が増加し，多くの被

害が発生している．例えば短時間強雨の観測回数は，増加傾向が明瞭とされている．2018 年 7 月に西日本の広い範囲が記録的な豪雨に見舞われ，また 2019 年 9 月の令和元年台風第 15 号，10 月の台風第 19 号により関東地方，甲信地方，東北地方等で甚大な被害がもたらされる等，気候関連の災害が激甚化している．

　また気候変動の影響は，生態系や農業等にも現れている．例えば農業分野では，高温による作物の生育障害や品質低下，生態系への影響としてサンゴの白化，ニホンライチョウの生息域減少等の影響が見られている．

　今後，気温はさらに上昇すると予測されており，日本の平均気温は産業革命以前と比べ 2100 年には約 2.1-4.0 ℃上昇するとの予測がある（環境省，2014）．地域気候モデルの予測結果によると，真夏日（最高気温が 30 ℃以上）や熱帯夜の日数は沖縄・奄美，西日本，東日本で大きく増加する．

　さらに渇水リスクの増加としては，北日本と中部山地以外での河川流量が減少し，渇水が深刻化すること，食糧生産における品質低下の影響，動植物の生息域の北上等も挙げられている．健康への影響も懸念されており，例えばデング熱を媒介するヒトスジシマカの分布は，1950 年以降分布域が徐々に北上する傾向があり，2100 年には北海道まで分布域が到達し，今後デング熱流行のリスクを持つ地域が拡大することを示唆している（環境省，2014）．

4.2　国際的な政策の展開

　気候変動問題に対する国際社会の政策的な対応は，気候変動枠組条約をもとに，これまで進められてきた．本節では，気候変動枠組条約の下での政策の展開を解説する．

(1) 気候変動枠組条約

　1990 年の IPCC 第一次評価報告書を踏まえ，国連の下で気候変動に関する条約の交渉が開始され，1992 年 5 月に気候変動枠組条約がニューヨークで採択された．同条約は，1993 年 12 月 21 日に条約発効の要件である 50 ヵ国の批准に達し，その 90 日後の 1994 年 3 月 21 日に発効した（日本は 1993 年 5 月 28 日に締結）．気候変動枠組条約は，国際的な気候変動対策の枠組み

を定めた法的文書であり，2019 年 12 月現在，196 ヵ国・1 地域が締結している．

　同条約は「気候系に対して危険な人為的干渉を及ぼすこととならない水準において大気中の温室効果ガスの濃度を安定化すること」を究極の目的とし，この安定化の水準は「生態系が気候変動に自然に適応し，食糧生産が脅かされず，かつ経済開発が持続可能な態様で進行することができるような期間内に達成化されるべき」としている（第 2 条）．

　気候変動枠組条約では，締約国は「共通だが差異のある責任」（common but differentiated responsibilities）及び各国の能力に従い気候系を保護すべきこと，先進締約国は率先して気候変動及びその悪影響に対処すべきであることを規定している（第 3 条第 1 項）．また条約が採択された 1992 年時点での OECD 加盟国及び市場経済移行国（旧ソ連・東欧諸国）を条約の附属書 I に記載する国として定義し，この附属書 I 国が排出削減のための措置を講じることを規定している．「附属書 I 国」以外の国（非附属書 I 国）については，先進国からの資金支援と技術移転を受けて排出削減対策を講じることを規定している（第 4 条第 3 項）．非附属書 I 国には，中国やインドなどの新興国，1992 年以降に OECD に加盟した韓国やメキシコ，気候変動の影響に脆弱な最貧国や島しょ国，自国の石油輸出への影響を懸念する OPEC 諸国などが含まれ，各国の国益や置かれた立場は様々である．また，附属書 I 国の中で，非附属書 I 国による条約上の義務履行のため資金協力を行う義務のある国（日本を含む先進国）を附属書 II に記載する国（附属書 II 国）として定義している．

　同条約に基づき，1995 年から毎年，気候変動枠組条約締約国会議（Conference of the Parties; COP）が開催され，気候変動に関する重要な国際合意は COP で決定されている．

（2）京都議定書

　気候変動枠組条約では，附属書 I 国が温室効果ガスの排出量を 1990 年代末までに 1990 年レベルに戻すことを目指す旨が規定されているが，2000 年以降の具体的な取組について定めていない．このため，1995 年にベルリンで開催された COP1 では，この取組についての交渉を開始し，COP3 で議定

表 4.1　京都議定書の概要（環境省，2005）

対象ガス	二酸化炭素，メタン，一酸化二窒素，代替フロン等 3 ガス（HFC，PFC，SF_6）の合計 6 種類
吸収源	森林等の吸収源による二酸化炭素吸収量を算入
基準年	1990 年（HFC，PFC，SF_6 は 1995 年としても可）
約束期間	2008-2012 年の 5 年間
数値目標	日本 6% 減，米国 7% 減，EU 8% 減等先進国全体で少なくとも 5% 削減を目指す
特　徴	国際的に協調して費用効果的に目標を達成するための仕組み（京都メカニズム）を導入

書または法的文書を採択することを目指すことが決議された（この決議をベルリン・マンデートという）．その後の交渉の結果，1997 年 12 月に京都で開催され日本が議長を務めた COP3 で「京都議定書」（Kyoto Protocol）が採択された（表 4.1）．

　京都議定書は，附属書 I 国（先進国＋市場経済移行国）が 2008 年から 2012 年までの 5 年間において，議定書に定められた法的拘束力のある数値目標にしたがって温室効果ガスの排出を抑制・削減することを定めている．2008-2012 年の 5 年間で 1990 年に比べて先進国全体で 5% 以上の削減を目指し，国別の削減目標は日本 6%，米国 7%，EU 8% とすることが合意された．一方，ベルリン・マンデートの規定に沿って，非附属書 I 国（途上国）には削減義務を課していない．

　また京都議定書は，附属書 I 国が削減目標を達成するため，国内での排出削減努力に加えて，国内の森林等による吸収源による除去の増加分及び排出量取引等（京都メカニズム）の措置を活用できることを規定している．京都メカニズムは，①先進国同士が共同で事業を実施し，その削減分を投資国が自国の目標達成に利用できる「共同実施」（Joint Implementation），②先進国と途上国が共同で事業を実施し，その削減分を投資国（先進国）が自国の目標達成に利用できる「クリーン開発メカニズム」（Clean Development Mechanism; CDM），及び③先進国同士が排出量を売買できる「国際排出量取引」（Emissions Trading），から構成され，これら 3 つの措置を通じて費用効果的な対策の実施を可能とした．

　京都議定書の行方を複雑なものとしたのは，米国の離脱である．2001 年 3 月，当時世界最大の排出国であった米国のブッシュ政権は，途上国に排出削減義務が課せられていないことなどを理由に京都議定書プロセスから離脱する方針を発表した．米国の離脱は国際社会に衝撃を与えたが，COP3 後に行われていた京都議定書の運用ルールの交渉は 2001 年 11 月の COP7（モロッコのマラケシュで開催）で合意に至り，各国が議定書を締結する準備が整った．日本は，2002 年 6 月に京都議定書を締結した．

　京都議定書の発効要件は，①55 ヵ国以上が締結すること，②締結した先進国の 1990 年の CO_2 合計排出量が全先進国の合計排出量の 55% 以上を超えることの 2 つであり，これらの条件を満たした後，90 日後に発効することとされた．特に焦点となったのは②の要件であり，離脱を決定した米国が合計排出量の 36.1% を占めていたため，議定書が発効するためには 17.4% を占めるロシアの締結が必須となった．ロシアは国内での検討に時間を要したものの 2004 年 11 月に締結し，2005 年 2 月 16 日に京都議定書が発効した（2019 年 12 月時点での締約国数：191 ヵ国・1 地域）．

　京都議定書の第 1 約束期間（2008-2012 年）が終了し，期間内の温室効果ガス排出量の確定や検証などの手続きを経て，2016 年 3 月，日本が 6% 削減目標を達成したことが発表された．なお，2013-2020 年の第 2 約束期間については，EU などが参加したが，日本は，米中を含む主要経済国が参加する新たな法的な国際枠組みを構築すべきであり，世界全体排出量の約 3 割のみをカバーする京都議定書の第 2 約束期間を設定することは新枠組みの構築につながらない，と主張し（外務省，2010）参加しなかった．

コラム　京都議定書の意義

　2005 年版（平成 17 年版）の環境白書は，「京都議定書」が，地球温暖化を防止するための「国際社会との約束」であり，全ての生き物，地球の生態系全体が存続するための「地球との約束」でもあり，そして，将来世代が住みよい地球で暮らすための「未来との約束」であるとしている（環境省，2005）．米国は離脱したものの，「京都議定書」は国際社会が温室効果ガス削減に踏み出す大きな一歩であった．経済的なインセンティブを与える「京都メカニズム」の導入も，地球温暖化対策とビジネスを結び付けた点で画期的

であった．COP3 での「京都議定書」採択を契機に日本においても地球温暖
化問題への関心が大いに高まり，COP3 が 1997 年 12 月に開催されたことに
ちなんで，毎年 12 月は「地球温暖化防止月間」と定められた．一方，中国
やインドなどの排出量の増加が見込まれていたにもかかわらず，「京都議定
書」がこれらの国を含む途上国に排出削減義務を課していないことについて
は課題として残され，次のステップの必要性が強く認識されたことが，後の
パリ協定の合意（2015 年）につながった．

(3) コペンハーゲン合意及びカンクン合意

　京都議定書では，2013 年以降の先進国の削減目標について，京都議定書
を改正し定めること，その検討は遅くとも 2005 年に開始することが規定さ
れている．これに基づき，2005 年にカナダ・モントリオールで開催された
京都議定書第 1 回締約国会議（COP/MOP1）より「京都議定書改正に関す
る特別作業部会（AWG-KP）」の下での議論が行われた．

　一方，中国やインドなどの新興国の排出量の増加を踏まえ，これらの国の
温室効果ガス削減も含めた，より包括的な次期枠組みの構築が必要との認識
が高まった．2007 年にインドネシア・バリで開催された COP13 では，議論
の主要項目を特定するとともに 2009 年開催の COP15 において結論を得る
という「バリ行動計画」（Bali Action Plan）に合意し，これを議論するため
の「長期的協力行動に関する特別作業部会」（AWG-LCA）が設置された．

　これら 2 つの特別作業部会での議論を経て，2009 年 12 月にデンマークの
コペンハーゲンで開催された COP15 では，最終的に首脳級の協議を経て，
「コペンハーゲン合意」（Copenhagen Accord）がまとめられ，COP 全体会
合においてコペンハーゲン合意に留意（take note）すること，交渉のため
の特別作業部会の活動を 1 年間延長することが決定された．換言すれば，
COP15 では新たな枠組みへの合意には至らなかったが，留意することなっ
たコペンハーゲン合意では，世界全体の気温の上昇が 2℃ 以内に留まるべ
きであるとの科学的見解を認識し，長期の協力的行動を強化することとされ
た．また，附属書 I 国（先進国＋市場経済移行国）が 2020 年の削減目標を
提出するのに加え，非附属書 I 国（途上国）は削減行動（Nationally Appro-
priate Mitigation Actions; NAMA）を講じることが規定され，削減行動の

測定・報告・検証（Measurement, Reporting and Verification; MRV）を確保することについても盛り込まれた．さらに，先進国の途上国に対する支援として，2010-2012 年の間に 300 億ドルの新規かつ追加的な資金の供与を共同で行うことに約束し，また，2020 年までには年間 1000 億ドルの資金を共同で調達するとの目標に約束することなどが規定された．こうしたコペンハーゲン合意の内容は，次のカンクン合意のベースとなった．

　2010 年 11 月から 12 月にかけて，メキシコのカンクンで開催された COP16 では，「カンクン合意」（Cancun Agreements）が採択され，コペンハーゲン合意に基づき提出された先進国・途上国の 2020 年の削減目標・行動（日本は 2013 年 11 月に 2020 年度の温室効果ガス削減目標として 2005 年度比 3.8% 減を登録）を記載した文書の作成や，緑の気候基金（Green Climate Fund; GCF）の設立，技術メカニズムの設立などが明記され，途上国向けの気候変動適応計画の策定が規定された．また，途上国の森林減少及び劣化に由来する温室効果ガスの排出量の削減について，REDD+（レッドプラス，REDD は Reducing Emissions from Deforestation and Forest Degradation）と呼ばれる取組の基本的な活動が定義された．

(4) パリ協定

　2015 年にフランスのパリにて開催された COP21（2015 年 11 月 30 日-12 月 13 日）にて，「パリ協定」（Paris Agreement）が採択された（図 4.4）．パリ協定は 2020 年以降の温室効果ガス排出削減等のための新たな国際枠組みであり，歴史上はじめて全ての国が参加する公平な合意として，気候変動対策の転換点となった．パリ協定は 2016 年 11 月 4 日に発効した．日本は 2016 年 11 月 8 日に締結した．

　パリ協定採択への背景として，まず，気候変動の要因となる世界の温室効果ガス排出量の変化を見ておきたい（図 4.5）．京都議定書の目標期間のスタート地点となった 1990 年のエネルギー起源 CO_2 排出量・割合から比べて途上国からの排出が増え，2012 年時点では京都議定書の下で削減目標を持つ国からの排出量が世界のエネルギー起源 CO_2 排出量に占める割合は 1/4 程度となっていた．このため，全ての国が参加する枠組みへの必要性が高まり，2011 年の COP17（南アフリカ・ダーバン）において，今後の将来枠組

図 4.4 COP 21 におけるパリ協定の採択 (©AFP / ANADOLU AGENCY / COP21 /Arnaud BOUISSOU, 2015)

◆ 世界全体の温室効果ガス排出量のうち,米中2ヵ国で世界の40%以上の排出.
◆ 気候変動条約締約国の中で,日本は第5位の排出国(1990-2012年).
◆ 今後の排出量は,先進国は微増なのに対し,途上国は急増する見込み.
◆ 京都議定書下で削減目標を持つ国からの排出量が世界のエネルギー起源CO_2排出量に占める割合は,2012年時点で1/4程度となっていた.

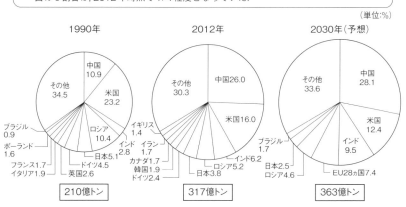

(単位:%)

IEA「CO_2 emissions from fuel combustion」「world energy outlook(2014 Edition)」に基づいて作成

図 4.5 世界のエネルギー起源CO_2排出量の推移 (環境省, 2016)

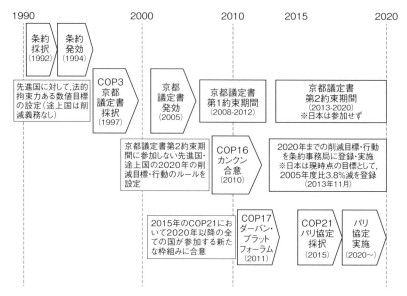

図 4.6　国際交渉の経緯（環境省，2016 を元に筆者作成）

みの大枠として，「条約の下で」，「全ての国に適用される」2020 年から発効・実施する「議定書，他の法的文書または法的効力を有する合意成果」を 2015 年までに策定することが決められ（ダーバン・マンデート），気候変動枠組条約の下に「強化された行動のためのダーバン・プラットフォーム特別作業部会（ADP）」が設置されて議論が進められることとなっていた．

　2013 年の COP19（ポーランドのワルシャワで開催）では，全ての国が，COP21 に十分先立ち（準備ができる国は 2015 年第 1 四半期までに）「自国が決定する貢献案（約束草案）」（Intended Nationally Determined Contributions; INDC）を示すことを決めた．約束草案は，削減目標（緩和策）を中心とするが，適応についても含めることを検討するものとした（2014 年，COP20）．これまで気候変動交渉では先進国・途上国という 2 つに分かれて議論されることが多かったものの，約束草案は，全ての国の参加を確保するため各国の目標は各国自らが定める「各国提案方式」が有効という発想からきており，また自ら定めることで自ずと差異化が実現されるとの考えから設定されたものである．約束草案の提出は新枠組み合意への各国の意欲のバロメータともいわれ，2015 年 12 月 12 日時点で 188 ヵ国・地域（欧州各国含

表 4.2 各国の削減目標（環境省，2016）

	約束草案
日本	2030 年度に −26%（2013 年度比）（2030 年度に −25.4%（2005 年度比））
米国	2025 年に −26% 〜 −28%（2005 年比），−28% に向けて最大限努力
EU	2030 年に −40%（1990 年比）
ロシア	2030 年に −25% 〜 −30%（1990 年比）
カナダ	2030 年に −30%（2005 年比）
スイス	2030 年に −50%（1990 年比）
中国	2030 年前後に CO_2 排出量のピークを達成．またピークを早めるよう最善の取組を行う．2030 年に GDP あたり CO_2 排出量で −60 〜 −65%（2005 年比）
インド	2030 年に GDP あたり排出量で −33 〜 −35%（2005 年比）
南アフリカ	2025 年及び 2030 年までに −398 〜 −614Mt（BAU 比）
ブラジル	2025 年に −37%（2005 年比），2030 年に −43%（2005 年比）

む）が提出した（エネルギー起源 CO_2 排出量の 95.6%）（表 4.2）．附属書 I 国（先進国＋市場経済移行国）は全て提出し，非附属書 I 国（途上国）も未提出国は 8 ヵ国のみとの状況だった．一方，パリ協定前に UNFCCC 事務局が 2015 年 10 月 1 日までに提出された各国の約束草案を総計した「約束草案の総計効果に関する統合報告書」では，2025 年及び 2030 年の排出量は，2℃ 目標を最小コストで達成するシナリオの排出量からそれぞれ 87 億トン，151 億トン超過しており，同シナリオの経路に乗っていないことが示され，一層の削減努力が必要とされた．

　さらに，政治的にも 2015 年合意を成功させようとの機運が高まった．主要国，とりわけ排出量の 40% 近くを占める米国，中国の参加が鍵とされ，COP21 に先立つ 2014 年には米国，中国の両首脳が会談し，「COP21 での合意を達成させる」との意思を確認しあい，気候変動対策への連携意欲を示した．各国もパリでの合意に向けた政治的意思を示しつつあった．

　こういった背景を受け，COP21 での交渉を経て，2015 年 12 月 12 日（現地時間），パリ協定の合意に至り，同協定には，下記が盛り込まれることとなった．

　• 世界共通の長期目標として平均気温の上昇を 2℃ より十分下方に抑える

こと（2℃ 目標）の設定．さらに 1.5℃ までに抑えるよう努力することへの言及

- 主要排出国を含む全ての国が削減目標を作成，提出，維持し，その目的を達成するため国内措置を遂行することを規定．また，削減目標を 5 年ごとに提出・更新
- 適応の長期目標の設定，各国の適応計画プロセスや行動の実施，適応報告書の提出と定期的更新
- 先進国が資金の提供を継続するだけでなく，先進国以外の締約国も自主的に資金を提供
- 5 年ごとに世界全体の実施状況を検討する仕組み（グローバル・ストックテイク）
- 全ての国が共通かつ柔軟な方法で実施状況を報告し，レビューを受けること

パリ協定の大きな特色として 4 つが挙げられる．

①全ての国に適用される点（Applicable to all）．従来の先進国・途上国との二分論を超えて，「共通だが差異ある責任」の原則の適用を改善し，多くの規定が「全ての国」に適用されることとなった．

②長期にわたり永続的なものであるという点（Durable）．2025/2030 年に留まらず，より長期を見据えた永続的な枠組みとして，2℃ 目標，「今世紀後半の排出・吸収バランス」など長期目標を法的合意にはじめて位置付けた．また長期の低排出開発戦略を策定することを促している．

③前進・向上する点（Progressive）．世界全体の進捗点検（長期目標）を踏まえ，各国は 5 年ごとに目標を提出・更新し（見直し），また従来の目標よりも前進させ，各国の取組状況を報告・レビューするという PDCA サイクルで対策を向上させる視点を取り入れた．

④包括的である点（Comprehensive）．緩和（排出削減），適応，資金，技術，能力向上，透明性の各要素をバランスよく扱うこととし，緩和，適応，資金に関する 3 つの目的を規定した．

また，パリ協定は対策の大枠について合意したものであり，詳細ルールについては COP24（2018 年，ポーランドのカトヴィツェで開催）においてパ

リ協定の実施指針（ルールブック）が，市場メカニズムに関する一部の事項を除き合意された．実施指針は，緩和・適応・支援に関する情報提供方法等，パリ協定を 2020 年以降に実施するための包括的かつ詳細なルールに関する交渉を経て合意されたものである．

　さらに，パリ協定の目標達成に資する世界中の優良事例の共有，気候資金の動員，2020 年までの取組に関する対話として，「タラノア対話」等のハイレベル対話が実施されたことも大きな対策の後押しとなっている．タラノアとは，COP23 議長国であるフィジーの言葉で，包摂性・参加型・透明な対話プロセスを意味し，2018 年の COP24 においても様々なステークホルダーが集いハイレベル対話が実施された．

コラム　パリ協定採択の背景

　パリ協定の合意に至る道筋には様々な要因があったと考えられるが，合意に向けた交渉に特に大きな役割を果たしたと考えられるポイントを記載する．

　第 1 に科学的知見が果たした役割が挙げられる．2013-14 年に IPCC 第五次評価報告書が公表され，気候変動の脅威に対する危機感が国際社会においてさらに共有された．とりわけ小島しょ国は国土存亡の危機に直面しており，マーシャル諸島等の小島しょ国を中心に EU，アフリカ諸国等による「野心連合」（High Ambition Coalition）が形成され，より高い目標を目指すメッセージを発信した．

　第 2 に世界の政治的なリーダーシップである．2014 年米中首脳会談（本文参照）も大きな影響を与えたが，2015 年の COP21 では，通常閣僚級のCOP において異例なことに初日に首脳級会合を開催し合意に向けた強い政治的意思をアピールした．COP21 議長国フランスは丁寧なプロセスを重視し，前年 COP20 議長国ペルーとも連携しつつ，各国の要求を聞きながらできる限り野心的な内容を志向して案を提示し続けた．

　第 3 に，非政府アクター，すなわち NGO，自治体，ビジネス界等多様なステークホルダーの動向が挙げられる（末吉，2016）．例えばビジネス界は気候変動がビジネス自体の持続性維持に直結するとの危機感を持ち，とりわけ金融界はリオ・サミット（1992 年）を機会に金融グリーン化を進め，「責任投資原則」（PRI，2006 年）で投資に財務状況以外の要素である環境（E），社会（S），ガバナンス（G）を導入した．2015 年には金融安定理事会

（FSB）が「気候関連財務情報開示タスクフォース」（Taskforce on Climate-related Financial Disclosures; TCFD）を立ち上げ気候変動リスクが判断要素として取り上げられることとなった．また世界的な再生可能エネルギーへの転換や RE100 等企業によるイニシャティブの促進，さらに「炭素価格化」（Carbon Pricing）が世界の潮流としてコンセンサスとなりつつあり，多くの国・地域で排出量取引や炭素税等の手法が導入されつつあったことも大きな後押しとなった．

(5) 国際協力

　気候変動問題は地球規模の問題であり，全ての国が協力して取り組むことが求められる．このため，先進国間の水平的な協力に加えて，特に重要となるのが，気候変動対策に必要な資金の調達や技術の利用などの面で課題を抱える途上国への支援である．「気候変動枠組条約」においても，先進国の義務として途上国への資金供与，技術移転，及び能力開発（キャパシティ・ビルディング）が規定されている．また 2009 年の COP15 では，2020 年までに先進国全体で官民合わせて 1000 億ドルを動員するとの目標も定められている．

　気候変動枠組条約に基づき，途上国への資金供与の役割を担っているのが「地球環境ファシリティ」（Global Environment Facility; GEF）である（第 7 章参照）．GEF は世界銀行に設置されている信託基金であり，日本や米国など先進国からの資金の拠出に基づいて途上国や市場経済移行国への気候変動対策に関する資金の供与を行っている．GEF のプロジェクトは，世界銀行やアジア開発銀行等の多国間開発銀行，国連開発計画（United Nations Development Programme; UNDP）や国連環境計画（UNEP）等の国連機関などによって実施されている．

　気候変動対策に関する先進国から途上国への技術移転に関しては，気候変動枠組条約の下で技術移転を促進するための技術メカニズムが設立され，その実施のための「気候技術センター・ネットワーク（Climate Technology Centre & Network; CTCN）」が途上国からの要請に基づいて技術支援を行っている．

　また，メキシコ・カンクンでの COP16（2016 年）において気候変動枠組

条約の下の新たな資金供与の制度の運営を委託された基金として「緑の気候基金」（GCF）の設立が合意された．その後 GCF 理事会の発足など体制が整備され，すでにプロジェクトの選定や資金の配分が行われている．

　日本は，こうした多国間の基金への拠出や技術協力への貢献に加えて，独自の途上国支援も行っている．「国際協力機構」（Japan International Cooperation Agency; JICA）は，有償資金協力，無償資金協力，技術協力等のスキームで，開発事業に統合する形で気候変動対策支援を実施してきている．また「国際協力銀行」（Japan Bank for International Cooperation; JBIC）は，温室効果ガス削減に資するプロジェクトに対して，資金の融資や保証，出資を通じた支援を実施している．

　さらに日本は，温室効果ガスの排出削減・吸収に関する途上国支援と，それにより得られた削減量・吸収量をクレジットとしてカウントする仕組み「二国間クレジット制度」（Joint Crediting Mechanism; JCM）を推進している．JCM では，途上国への温室効果ガス削減技術，製品，システム，サービス，インフラ等の普及や対策実施を通じて得られた温室効果ガス排出削減・吸収量を定量的に評価し，日本の削減目標の達成に活用することとしている．パリ協定においても，海外での排出削減成果を自国の目標達成に活用するケースを規定しており，JCM を含む市場メカニズムの活用が規定されている．2019 年 12 月時点で，日本は 17 ヵ国との間で JCM を開始するための二国間文書に署名しており，すでに事業の実施やクレジットの発行が行われている．

　このほかにも，大気汚染や水質汚濁等の環境汚染問題を抱えている途上国に対し，温室効果ガス削減と環境改善を同時に実現する「コベネフィット・アプローチ」の活動の支援などが行われている．

　適応策については，例えば島しょ国や後発途上国にとって適応は国土の消失等国家としての死活問題としてとらえられている．日本としても国際社会で一致して気候変動に取り組むための積極的な支援を展開しており，例えば太平洋島しょ国における多様な災害の危険評価や早期警報システム強化等を国連アジア太平洋経済社会委員会（Economic and Social Commission for Asia and the Pacific; ESCAP）と連携して行っている（外務省，2016）．また「アジア太平洋気候変動適応情報プラットフォーム」（AP-PLAT）や気候変

動影響評価支援など，気候リスク情報を活用し，途上国の科学的な知見に基づく適応策の立案・実施の支援も展開されている．

4.3　気候変動対策

(1)　緩和対策

　緩和対策は，温室効果ガスの種類ごとに区分される．温室効果ガス排出量の大半を占めるのは，化石燃料の燃焼による CO_2 排出量，すなわちエネルギー起源 CO_2 排出量である．この分野の削減対策については，エネルギーの消費量を削減する対策（省エネルギー対策）と，エネルギー消費量あたりの CO_2 排出量を削減する対策（エネルギーの低炭素化）に分けられる．ここでは，主に日本で実施されている緩和対策について説明する．

エネルギー供給部門の対策

　電気などエネルギーの供給部門の対策は，エネルギー消費量あたりの CO_2 排出量を削減する対策（エネルギーの低炭素化）が中心となる．具体的な対策としては，石炭や石油から天然ガスへの燃料の転換や，再生可能エネルギーなど発電時に CO_2 を排出しないエネルギー源が挙げられる．

　火力発電所からの CO_2 排出は，日本では 2016 年度において CO_2 排出量全体の 4 割近く（電気使用量に応じた各部門への配分前）を占めることから（環境省，2018a），この分野の対策はきわめて重要である．特に，2011 年 3 月の東日本大震災後の原子力発電の長期停止を受けて，安価な石炭を燃料とした石炭火力発電所の建設が各地で計画されているが，火力発電所の稼働年数が 40 年以上であることから排出が固定化されることになり，温室効果ガス削減の観点からは問題が大きい．

　化石燃料の中でエネルギー消費量あたりの CO_2 排出が石炭や石油に比べて小さい天然ガスへの転換や，発電効率の向上は，CO_2 排出量の削減に貢献するものの，2050 年 80% 削減といった長期目標の達成の観点からは十分ではない．

　こうした状況で，今後の日本のエネルギー源の主力となることが期待されているのが，再生可能エネルギーである．再生可能エネルギーとは，自然界

に常に存在することから永続的な利用が可能なエネルギー源を指し，太陽光，風力，地熱，水力，バイオマスなどが該当する．これらは，発電時に CO_2 を排出せず，純国産エネルギーでもある．バイオマスは植物由来の有機物であり，燃焼時に発生する CO_2 は元々は大気中に存在した CO_2 であることから，排出量としては計上されない（カーボン・ニュートラル）．これら再生可能エネルギー源の特徴と課題を表 4.3 に示す．

　再生可能エネルギーの日本での導入量のうち太陽光発電の導入量は，390万 kW（2010 年）から 4229 万 kW（2016 年）となり（資源エネルギー庁，2018），2012 年の固定価格買取制度の導入により急増している．

　再生可能エネルギー全般の課題として，発電コストが高いことが指摘され，固定価格買取制度の実施等によるコストの低減が期待される．また，太陽光や風力は発電量が季節や天候によって左右され，電力の需要と供給のバランスが崩れると，停電が発生するおそれがあるため，そのバックアップの電源も必要になる．さらに，再生可能エネルギーの電力系統への接続において容量や費用面での制約があることも課題となっている．再生可能エネルギーで発電した電気を貯蔵し必要なときに利用できる二次電池など，電力貯蔵技術の発展が待たれる．

　近年，注目されているエネルギーに，水素エネルギーがある．水素は燃焼時に CO_2 を排出することなくエネルギーを取り出せ，またエネルギー効率も高いことから，CO_2 排出削減対策としても期待される．一方，水素は，二次エネルギーであり自然界にはそのままの形では存在しないことから，どの一次エネルギーを用いて水素を製造するかが CO_2 排出削減対策の観点からは重要になる．現在水素は，天然ガスなど化石燃料の改質によって工業的に製造されることが多く，また工業プロセスから副生的に発生する水素も利用されているが，太陽光など再生可能エネルギーを用いた水素の製造も実用化されている．本格的な水素の利用には，技術面，コスト面，制度面，インフラ面で課題が存在しており，今後の研究開発の推進や政策面での対応が注目される．

　化石燃料を継続的に利用しながら CO_2 排出量を大幅に削減できる技術として挙げられるのが，二酸化炭素回収・貯留技術（Carbon dioxide Capture and Storage; CCS）である．これは，火力発電所等から排出される CO_2 を分

表 4.3 再生可能エネルギーの種類別の特徴と課題（筆者作成）

再生可能エネルギーの種類	仕組み	利点		課題
		共通	個別	
太陽光発電	太陽エネルギーを，シリコンなどからなる太陽電池で電気に変換	• 発電時にCO$_2$を排出しない（バイオマスはカーボン・ニュートラル） • 枯渇のリスクがない • 純国産エネルギー（輸入されたバイオマス燃料を除く） • 燃料コストが不要（バイオマスを除く）	• 太陽光がエネルギー源であり，設置地域に制約がない • 可動部がなく騒音が生じない • 災害時には非常用電源としても利用可能	• 発電量が天候に左右される • 一層のコスト低減が必要 • エネルギー密度が低いため大規模な発電の場合広大な土地を要し，地滑りや土砂崩れの原因となりうる
風力発電	風力エネルギーを風車を用いて電気に変換		• 陸上に加え海上でも発電可能 • 再生可能エネルギーの中では発電コストが安価 • 夜間でも発電可能	• エネルギー密度が低い • 発電量が気象条件に左右される • 風況により適地が限られ，系統制約を受ける
地熱発電	マグマなど地下の熱源から熱エネルギーを取り出して発電		• エネルギー密度が比較的高い • 発電量が昼夜，年間で変動せず安定	• 資源が特定地域に偏在 • 地下資源であるため探査や開発に時間とコストを要する • 自然環境に影響を及ぼしうる
水力発電	水が高所から低所に流れる際の位置エネルギーを利用して発電		• 近年開発が盛んな中小水力（FIT法で3万kW以下を対象）は農業用水などを活用 • 発電量が昼夜，年間で変動せず安定	• 規模によっては自然環境に影響 • 水利権など地元との調整が必要 • 遠隔地に建設される場合には送電コストが高くなる

再生可能エネルギーの種類	仕組み	利点		課題
		共通	個別	
バイオマス発電	農林水産資源や廃棄物など生物起源の資源（バイオマス）を燃料として利用	（左頁に同じ）	• 燃料の貯蔵が容易 • 燃料が確保できれば安定的な発電が可能 • 廃棄物や副生物由来のバイオマスの利用は，資源の有効利用となる	• プランテーションを伴う場合には食糧生産との土地競合が生じる • 水分が多い場合には燃料としての価値は低下 • 収集や運搬・管理に人手と手間を要する

離・回収・輸送し，地中や海洋等に長期的に貯蔵する技術である．CO_2の有効利用（Utilization）を加えて，CCUS と呼ぶ場合もある．世界的に取組が進められており，古い油田において CO_2 の注入により原油を押し出し注入した CO_2 を地中に貯蔵する，石油増進回収を兼ねた CCS はすでに実施されている．日本では，2012 年から，北海道・苫小牧で CCS の実証実験が行われている．CCS の本格的な実用化のためには，排ガス中から CO_2 を分離・回収する実用的な技術の確立，CCS の適地の選定，発電所など大規模な排出源において CCS 導入に必要となる CO_2 回収設備等設置のための用地確保等が必要になる．

エネルギー消費部門の対策

　エネルギーの消費量を削減する省エネルギー対策は，CO_2 排出削減対策でもある．産業部門では，各産業に共通する対策として，ボイラー等燃焼設備の空気比の適正化やエネルギー消費効率の高いボイラーの導入，ポンプやファン等の回転数を制御するためのインバータや高効率なモーターの導入，発電時の排熱を有効利用するコージェネレーション（熱電併給）装置の導入などがある．個別の産業に特化した技術としては，鉄鋼業におけるコークス代替還元材（フェロコークス）の利用や，化学工業における膜を用いた蒸留プロセスの導入，セメント製造における低温焼成関連技術などが挙げられる．

　オフィスなどの業務部門では，省エネルギー性能の高い建築物への移行，

表 4.4 主な次世代自動車の種類別の特徴と課題（筆者作成）

種　類	仕　組　み	特　　徴	課　　題
ハイブリッド自動車	ガソリンやディーゼル等のエンジンと電気モーターの組み合わせで走行	・市場投入が進み，普及	・電気自動車や燃料電池自動車よりも環境性能は劣る
電気自動車	車載のバッテリー（蓄電池）に蓄えた電気でモーターを回転させて走行	・走行時にはCO_2や大気汚染物質を排出しない ・騒音が生じない ・構造が簡易で小型化も可能 ・非常時には電源として活用可能	・航続距離が短い ・充電に時間を要する ・充電インフラの整備が必要
プラグインハイブリッド自動車	ハイブリッド車の機能に加え，外部電力により蓄電された電気を利用して走行	・ハイブリッド車と電気自動車の中間的な位置付け	・電気自動車や燃料電池自動車よりも環境性能は劣る
燃料電池自動車	車載の水素と空気中の酸素の反応により発電してモーターを回転させ走行	・走行時にはCO_2や大気汚染物質を排出しない ・騒音が生じない ・航続距離が長く，充填時間も短い ・非常時には電源として活用可能	・水素供給インフラの整備が必要 ・車体価格が高い
圧縮天然ガス自動車	圧縮天然ガスを燃料として利用しエンジンを稼働させて走行	・トラックやバスなどの大型エンジンにも適用可能	・天然ガス供給インフラの整備が必要 ・従来車よりは少ないものの走行時にはCO_2や大気汚染物質を排出

LED（発光ダイオード）等の高効率照明やエネルギー効率の高い給湯機器の導入，パソコンなどOA機器の待機電力の削減などが挙げられる．

　家庭部門では，高性能な断熱材や窓などを用いた住宅の断熱化，LEDなど高効率な省エネルギー機器の導入，低温熱源から高温熱源に熱をくみ上げるヒートポンプ式の給湯器や家庭用燃料電池の導入，空調や照明等の機器の

最適運転を可能とするエネルギー管理システム（Home Energy Management System; HEMS）の普及などが挙げられる.

　運輸部門では，同部門の排出量の大半を自動車が占めていることから，自動車からの CO_2 排出量の削減が鍵となる. 自動車単体の対策としては，エネルギー効率に優れる次世代自動車の普及拡大が挙げられる. 具体的には，ハイブリッド自動車，電気自動車，プラグインハイブリッド自動車，燃料電池自動車，圧縮天然ガス自動車などがこれに該当する. 表 4.4 に主な次世代自動車の種類別の特徴と課題を示す（環境省・経済産業省・国土交通省，2018）.

　自動車単体の対策に加え，交通流の円滑化や他の交通機関への移行による CO_2 排出削減も重要である. 例として，公共交通機関や自転車の利用促進，信号機の集中制御化などの道路交通流対策，共同輸配送等による輸送効率・積載効率の改善，自動車輸送から海運や鉄道による輸送への転換（モーダル・シフト）などが挙げられる.

森林吸収源の増大

　植物は光合成により大気中の CO_2 を吸収し有機物として固定・貯蔵している. このため，森林の管理・保全は，大気中の CO_2 を吸収する緩和策として位置付けられる. 吸収源対策の具体的な措置としては，適切な間伐や造林，荒廃した里山林の再生，保安林の適切な管理・保全などが挙げられる（林野庁，2018b）. また木材の利用は，CO_2 を長期間にわたって貯蔵し，木質バイオマスの利用は大気中の CO_2 量に関しては差し引きゼロ（カーボン・ニュートラル）となることから，これらも吸収源対策として位置付けられる. さらに，都市公園の整備などの都市緑化の推進，農地における炭素貯留も吸収源対策に含まれる.

その他の温室効果ガス対策

　CO_2 は，化石燃料の燃焼以外にも工業プロセス（セメント製造における石灰石の焼成）や廃棄物の燃焼によっても排出される. これらの排出抑制対策としては，高炉スラグ等を混合した混合セメントの利用拡大や，廃棄物の発生抑制，廃棄物焼却施設における燃焼の高度化などが挙げられる.

　メタン（CH_4）は，水田や家畜の消化管内発酵（げっぷ），廃棄物の埋立

などから排出されるため，水田の管理方法の改善や廃棄物最終処分量の削減等が対策として講じられている．メタンは石炭や天然ガスの採掘時にも排出されるが，日本での排出量は少ない．

　一酸化二窒素（亜酸化窒素，N_2O）は，農地での施肥や下水汚泥の焼却などが排出源となるため，施肥量の低減や下水汚泥の焼却施設における燃焼の高度化などにより排出抑制が図られている．

　代替フロン等4ガス（HFCs，PFCs，SF_6，NF_3）のうち，排出量の大半を占めるのがHFCs（ハイドロフルオロカーボン類）である．HFCsは冷媒分野でオゾン層破壊物質であるCFCs（クロロフルオロカーボン類）やHCFCs（ハイドロクロロフルオロカーボン類）の代替物質としての利用が進み，排出量も近年増加している．このため，冷凍空調機器の使用時における漏えい防止や廃棄時の回収・適正処理，ノンフロン（アンモニアNH_3・CO_2等）の利用や温室効果の小さいフロンの利用の促進が排出抑制対策として進められている．

コラム　オゾン層の保護とフロン対策

　1980年代に国際社会が地球環境問題に本格的に取り組む先例となったのが，オゾン層の保護である．高度15-50kmの成層圏にあるオゾン層は，人間や動植物に悪影響のある紫外線を吸収する役割を担っているが，人工物質であるCFCs（クロロフルオロカーボン類）などにより破壊されることが明らかとなった．この問題に対応するために，1985年に「オゾン層の保護のためのウィーン条約」（ウィーン条約）が合意され，1987年にはオゾン層破壊物質の具体的規制内容を定めた「オゾン層を破壊する物質に関するモントリオール議定書」（モントリオール議定書）が採択された．同議定書の下で，フロン類など対象物質の生産量及び消費量の規制スケジュールが定められている．

　日本では，ウィーン条約及びモントリオール議定書に定められた措置を円滑に実施するために，1988年に「特定物質の規制等によるオゾン層の保護に関する法律」（オゾン層保護法）が制定され，オゾン層破壊物質の生産や輸出入の規制などが行われている．こうした措置により，主要なオゾン層破壊物質の生産は大幅に削減されているが，過去に生産され，冷蔵庫やカーエアコン等に充填されたCFCsなどの回収・破壊が課題となっている．

　2016 年には，ルワンダ・キガリにおいて，「モントリオール議定書」第 28
回締約国会合が開催され，オゾン層破壊物質ではないが地球温暖化をもたら
す HFC を議定書の対象物質に加えて生産及び消費量の段階的削減を求める
議定書の改正（ギガリ改正）が採択された．これを受けて，2018 年にオゾ
ン層保護法が改正され，ギガリ改正の発効日（2019 年 1 月 1 日）より施行
された．

(2) 適応対策

　気候変動の影響は地域によっても異なり，また影響の現れ方は地域人口，
都市・産業構造，気候風土等の影響を受ける側の社会の様態によって大きく
異なることから，各国によって様々な適応策が展開されている．また適応策
は，単体で検討されるものではない．農業，水資源，道路・エネルギー等の
各種インフラ，健康等，多岐にわたる政策分野が気候変動の影響を受けるこ
とから，これらの政策分野においてこれまで気候関連の災害や影響等に対応
してきた実績そのものが改めて適応策として位置付けられることも多い．こ
のため，個別の対策のみならず，政府の諸施策に気候変動適応を組み込むこ
とが重要とされている．

　国際的には「適応」については，「気候変動枠組条約」下において 2005
年にナイロビ作業計画が合意され，気候変動による影響や脆弱性などの知見
が共有されてきた．また，「カンクン適応フレームワーク」（2010 年）が策
定され，適応計画策定支援を途上国全体に拡大することとなった．さらに
2015 年の「パリ協定」では全ての国が適応に取り組むこととされ，適応の
計画立案や国際協力が位置付けられている（第 7 条）．

　複数の国では緩和策と併せて気候変動に関する法律の中で適応策を位置付
けている（英国の気候変動法，フランスの環境グルネル法，日本の気候変動
適応法（p.122 参照））．また，パリ協定と併せて導入された仕組みである各
国の約束草案では，削減目標（緩和策）を中心とするが，適応についても含
めることを検討するものとしたことから，特に途上国は約束草案の中に適応
の取組を含めている場合も多い．

　各国の適応策の基本となるのは，下記のような適応に関する PDCA
（Plan/Do/Check/Action）のあり方である．

- 気候変動等に関する科学的知見の充実・活用（影響評価等）
- 気候変動等に関する情報の収集，整理，分析，提供を行う体制
- 適応に携わる主体（国，地方公共団体，事業者等）の適応施策の推進
- 国際連携，国際協力の推進

　現在，多くの国で気候変動に関する影響評価が定期的に行われており，研究者や政府等のレビューも経て，現在の影響・脆弱性，また短期・長期的な将来予測，影響コスト，それを踏まえた方向性等を評価している．次の段階として，気候変動影響評価を踏まえて，国家として何をすべきか対策を検討し，適応計画を位置付けている．

　適応は，気候変動の影響が生じている，または生じる可能性がある様々な分野でそれぞれ対応策を検討する必要がある．適応策の具体策としては，例えば日本の場合は，将来影響の科学的知見に基づき，次の要素を組み込んでいる．

- 高温耐性の農作物品種の開発・普及
- 魚類の分布域の変化に対応した漁場の整備
- 堤防・洪水調整施設等の着実なハード整備
- ハザードマップ作成の促進
- 熱中症予防対策の推進

　国レベルだけではなく，グローバルなレベルでも開発関係における適応の主流化がはじまっている．例えば世界銀行では，途上国におけるインフラ案件の全てにおいて，実施前の気候変動リスク・スクリーニングを設定している（World Bank, 2019）．

　また適応策は，前述のとおり単体で存在するものではなく，例えば防災のようにこれまで他の分野で議論されてきたものも多い．今後，政府や企業等に対してリスク管理が求められる中，「事業継続管理」（Business Continuity Management; BCM）の観点からも防災・減災は重要と位置付けられており，適応策もそれに含まれる形で評価されつつある．2015 年に第 3 回「国連防災世界会議」が仙台にて開催され，成果文書として「仙台防災枠組」（2015-2030）が採択された（外務省，2015）．この中で今後 15 年の期待される成果として「人命・暮らし・健康と，個人・企業・コミュニティ・国の経済的，物理的，社会的，文化的，環境的資産に対する災害リスク及び損失の大幅な

削減」を目指すこととし，4 つの優先事項（①災害リスクの理解，②災害リスク管理のための災害リスク・ガバナンス，③強靱化に向けた防災への投資，④効果的な応急対応に向けた準備の強化と「より良い復興（Build Back Better)」)，及び 7 つのターゲット（①死亡者数，②被災者数，③経済的損失，④重要インフラの損害，⑤防災戦略採用国数，⑥国際協力，⑦早期警戒及び災害リスク情報へのアクセス)，を掲げており，適応策もクローズアップされることとなった．

4.4　国内の政策の進展

(1)　日本の温室効果ガスの排出状況

　気候変動枠組条約に基づき，先進国は，二酸化炭素（CO_2)，メタン（CH_4)，一酸化二窒素（N_2O)，ハイドロフルオロカーボン類（HFCs)，パーフルオロカーボン類（PFCs)，六フッ化硫黄（SF_6)，三フッ化窒素（NF_3)の 7 種の温室効果ガスの排出量を算定した温室効果ガスインベントリ（目録）を，毎年，条約事務局に提出することが求められている．NF_3 は 2013 年 11 月の COP19 において温室効果ガスに追加することが決定された．CO_2 以外の温室効果ガスについては，CO_2 と比較した場合の各温室効果ガスの温室効果の強さを示す地球温暖化係数（Global Warming Potential; GWP）を用いて CO_2 等量に換算した温室効果ガス総排出量を算定することになっている．具体的には，GWP として，IPCC「第 4 次評価報告書」の数値を使用しており，CO_2 が 1 であるのに対し，CH_4：25，N_2O：298，HFCs：12-1 万 4800，PFCs：7390-1 万 7340，SF_6：2 万 2800，NF_3：1 万 7200 の値が用いられている．例えば，メタンが 1 トン排出された場合，CO_2 換算では 25 を乗じて 25 CO_2 換算トンとなる．HFCs や PFCs の値に幅があるのは，個別のガスの種類により GWP の値が異なることによる．

　日本の温室効果ガス排出量の推移は図 4.7 に示すとおりである（環境省，2018a)．2017 年度の日本の温室効果ガスの総排出量は 12 億 9200 万 CO_2 換算トン（2005 年度比で 6.5% 減，2013 年度比で 8.4% 減）であり，そのうち CO_2 排出量が 11 億 9000 万トンと全体の 9 割以上を占める（環境省，2019a)．総排出量は，2013 年度に 14 億 1000 万 CO_2 換算トンを記録して以降，4 年

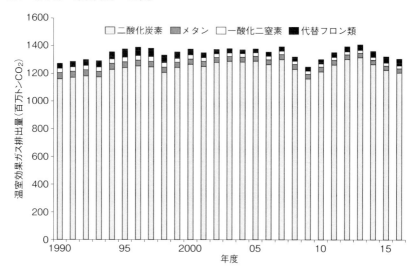

図 4.7　日本の温室効果ガス排出量の推移（環境省，2018a）

連続で減少傾向にある．過去 10 年の推移を見ると，2 つの大きな変化が見られた．一つは，2008 年度の金融危機の影響による景気後退などに伴い 2008 年度及び 2009 年度の総排出量が減少したこと，もう一つは 2011 年 3 月の東日本大震災後の原子力発電の長期停止等により火力発電量が増加したことによる総排出量の増加である．

　また，近年，HFCs の排出量が一貫して増加傾向にあるが，これはオゾン層破壊物質からの代替物質としてとして冷媒分野で HFCs が用いられていることによる．

　なお，2017 年度の日本の森林吸収源対策等による CO_2 の吸収量は 5570 万トンであり，その内訳は森林吸収源対策による吸収量が 4760 万トン，農地管理・牧草地管理・都市緑化活動による吸収量が 810 万トンとなっている．

　図 4.8 は，CO_2 排出量のうち 9 割以上を占めるエネルギー起源 CO_2 排出量の部門別の推移を示したものである．発電及び熱発生に伴う排出量は消費量に応じて各部門に配分されている（環境省，2018a）．年度による凹凸はあるものの，産業部門は減少傾向，運輸部門も 2000 年度付近をピークに減少傾向にあるのに対し，業務部門や家庭部門は増加傾向にある．

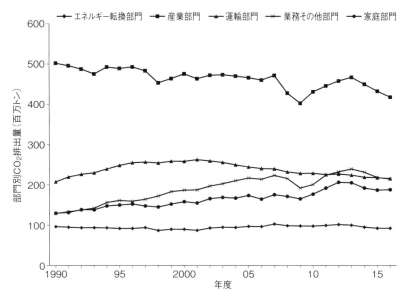

図 4.8　部門別エネルギー起源 CO_2 排出量（日本）の推移（環境省，2018a）

（2）地球温暖化対策の取組

地球温暖化対策推進法

　国内の温室効果ガス削減のための政策の中心に位置付けられるのが，「地球温暖化対策の推進に関する法律」（地球温暖化対策推進法）と，同法に基づく「地球温暖化対策計画」である．地球温暖化対策推進法は，1997 年 12 月の京都議定書の採択を受けて，翌年の 1998 年に制定された．以降，2019 年 12 月までに 6 回（2002 年，2005 年，2006 年，2008 年，2013 年，2016 年）の改正が行われている．

　地球温暖化対策推進法は，「（前略）温室効果ガスの排出の抑制等を促進するための措置を講ずること等により，地球温暖化対策の推進を図り，もって現在及び将来の国民の健康で文化的な生活の確保に寄与するとともに人類の福祉に貢献すること」を法の目的としている．法律の内容として，国，地方公共団体，事業者，国民の責務を定め，後述する地球温暖化対策計画に加え，政府の事務及び事業に関して温室効果ガスの排出削減・吸収量の増大を図るための実行行動計画（政府実行計画）の策定，内閣における地球温暖化対策推進本部の設置，事業活動に伴う排出抑制等の適切かつ有効な実施を図るた

めの指針（温室効果ガス排出抑制等指針）の公表，温室効果ガス算定・報告・公表制度，都道府県知事等による地球温暖化防止活動推進員の委嘱や地域地球温暖化防止活動推進センターの指定などを定めている．

政府実行計画は，政府自らがその事務及び事業に関して地球温暖化対策を率先して実行するための計画である．2016 年 5 月に策定された同計画では，政府の事務及び事業の実施に伴う温室効果ガス排出量について，2030 年度における排出量を政府全体で 2013 年度から 40% 削減することを目標とし，政府全体の LED 照明のストックでの導入割合を 2020 年度までに 50% 以上とすることや，2030 年度までに公用車のほぼ全てを次世代自動車とするよう努めることなどが具体的な措置として盛り込まれた．

温室効果ガス排出抑制等指針は，温室効果ガス削減のために事業者が講ずべき措置を示したガイドラインであり，事業活動の内容等に対応して，これまでに産業部門（製造業），業務部門（オフィス等），上水道・工業用水道部門，下水道部門，廃棄物処理部門について策定されている．

温室効果ガス算定・報告・公表制度は，一定以上の温室効果ガスを排出する者に対し，CO_2，メタンなどの 6 種類の温室効果ガスの排出量を算定して，国に報告することを義務付け，国が届け出られたデータを集計し公表する制度である．これにより，温室効果ガスの排出状況の可視化による機運の醸成や自主的な取組の下支えが期待できる．2015 年度の集計結果（環境省・経済産業省，2018）は，報告を行った事業者が計 1 万 3785 で，報告排出量の合計が 6 億 9460 万 CO_2 換算トンであった．

地球温暖化対策計画

温室効果ガスの排出源は多岐にわたるため，その削減対策も多様である．このため，全体の削減目標の下で削減対策を取りまとめ，その進捗管理を図る計画的アプローチが必要になる．

温室効果ガスの排出削減に関し，日本では，1990 年に「地球温暖化防止行動計画」が「地球環境保全に関する関係閣僚会議」において策定された．1998 年には，前年の京都議定書の採択を受けて，地球温暖化対策推進本部において「地球温暖化対策推進大綱」が決定された．2002 年には，京都議定書の締結に際し，京都議定書の数値目標を履行するための対策・施策を取

りまとめた，新たな地球温暖化対策推進大綱が策定された．2004 年度に同大綱の評価・見直し作業が行われ，その結果を踏まえ，京都議定書発効後の 2005 年 4 月，地球温暖化対策推進法に基づく「京都議定書目標達成計画」が閣議決定された．同計画は，2008 年に改定された．京都議定書の第 1 約束期間（2008-2012 年）の終了後には，引き続き地球温暖化対策に取り組む観点から，2013 年の地球温暖化対策推進法の改正により「地球温暖化対策計画」の策定が規定された．

　地球温暖化対策推進法に基づく地球温暖化対策計画は，パリ協定の採択後の 2016 年 5 月に閣議決定された．同計画では，計画期間を 2030 年度末までとして，温室効果ガスの排出抑制及び吸収の量の目標，事業者や国民等が講ずべき措置に関する基本的事項，目標達成のために国，地方公共団体が講ずべき施策等について記載している．

　具体的には，温室効果ガス削減の中期目標として，2030 年度において 2013 年度比 26.0% 減（2005 年度比 25.4% 減）を掲げ，長期的目標として 2050 年までに 80% の温室効果ガスの排出削減を目指すこととしている．地球温暖化対策の基本的な考え方として，①環境・経済・社会の統合的向上，②「日本の約束草案」に掲げられた対策の着実な実行，③パリ協定への対応，④研究開発の強化と優れた低炭素技術の普及等による世界の温室効果ガス削減への貢献，⑤全ての主体の意識の改革，行動の喚起，連携の強化，及び⑥評価・見直しプロセス（PDCA; Plan/Do/Check/Action）の重視，の 6 点を挙げている．また，国，地方公共団体，事業者及び国民の基本的役割を明記した上で，地球温暖化対策・施策として，温室効果ガスの種類ごとの対策や横断的施策，海外での削減の推進と国際連携の確保などについて規定している．同計画は，毎年進捗点検を行い，少なくとも 3 年ごとに計画見直しを検討することとなっている．

コラム　2030 年の温室効果ガス削減目標

　各国は，COP 21 に先立って，2020 年以降の「自国が決定する貢献案（INDC）」（約束草案）の提出を求められた．このため，日本政府内においても 2030 年の温室効果ガスの削減目標の検討が進み，2015 年 7 月に地球温暖化対策推進本部において 2030 年度の削減目標を含む約束草案が決定され，

気候変動枠組条約事務局に提出された．この削減目標が，パリ協定に基づく
日本の貢献（Nationally Determined Contribution）と位置付けられ，5 年ご
とに更新されることになる．

　日本の 2030 年の削減目標は，2030 年度の温室効果ガス削減量を 2013 年
度比で 26.0% 削減（2005 年度比で 25.4% 削減，1990 年度比で 18.0% 削
減）の水準にするものであり，同時期にとりまとめられたエネルギーの需給
見通しと整合的なものとなるよう，対策・施策や技術の積み上げに基づいて
策定された．

　2030 年度の削減目標の根拠として，省エネルギー対策の実施によりエネ
ルギー需要を 13% 削減することとし，温室効果ガス排出量への影響が大き
い電源の構成については，再生可能エネルギー 22-24%，原子力 20-22%，
石炭 26%，液化天然ガス（LNG）27%，石油 3% としている．

コラム　クールビズ（COOL BIZ）

　「クールビズ」（COOL BIZ）は，2005 年（平成 17 年）に「京都議定書」
の目標達成のために開始された国民運動である．夏季に軽装での執務を促す
ことで冷房用のエネルギー消費を削減することをアピールするもので，男性
のノーネクタイ姿はその後のオフィスで一般的となった．現在は，「クール
ビズ」のほかに，冬季に暖房時の室温を 20℃ で快適に過ごすライフスタイ
ルを推奨する「ウォームビズ」（WARM BIZ），低炭素型商品・サービスの
利用を推奨する「クールチョイス」（COOL CHOICE）などのキャンペーン
も行われている．

地球温暖化対策に関連する各種法律

　地球温暖化対策推進法以外にも様々な法律が温室効果ガスの削減や CO_2
吸収量の増大に関係する．エネルギー関係では，「エネルギーの使用の合理
化等に関する法律」（省エネ法）に基づく，エネルギー管理の徹底や省エネ
ルギー設備・機器の導入促進が CO_2 排出量の削減に貢献する．同法に基づ
く具体的な措置としては，工場等の設置者に対して省エネ取組を実施する際
の目安となるべき判断基準の設定や，一定規模以上の事業者によるエネルギ

ーの使用状況等の報告，特定の業種・分野について事業者の省エネ状況を業種等内で比較できる指標と目指すべき水準を設定することにより自主的な省エネ努力を促す制度（ベンチマーク制度）の導入，家電や自動車等を対象に商品化されている製品のうちエネルギー消費効率が最も優れているものの性能等を勘案して設定した機器効率の目標の設定（トップランナー制度）などが挙げられる．

　大規模建築物の省エネルギーに関しては，「建築物のエネルギー消費性能の向上に関する法律」（建築物省エネ法）に基づき，省エネルギー基準への適合の義務化や，エネルギー消費性能向上計画の認定制度の創設等の措置が講じられている．都市の低炭素化の観点では，「都市の低炭素化の促進に関する法律」が，都市機能の集約や，それと連携した公共交通の利用促進，低炭素認定建築物の普及促進等の施策を規定している．

　再生可能エネルギーの利用推進の点では，「電気事業者による再生可能エネルギー電気の調達に関する特別措置法」（再生可能エネルギー特別措置法）に基づき，固定価格買取制度（Feed-in Tariff; FIT）が 2012 年より施行された．これは，再生可能エネルギー（太陽光，風力，水力，地熱，バイオマス）で発電した電気を，電力会社が一定価格で一定期間買い取ることを国が約束する制度である．電力会社が買い取る費用は，電気の使用者から広く集められる再エネ賦課金によってカバーされている．なお，「電気事業者による新エネルギー等の利用に関する特別措置法」（Renewables Portfolio Standard; RPS 法）に基づき，電気事業者に対して販売電力量に応じた一定割合以上の再エネ由来電気の利用を義務付けた RPS 制度が 2003 年から施行されていたが，再生可能エネルギー特別措置法の施行に伴い，RPS 法は廃止された．

　フロンに関して，オゾン層保護と地球温暖化対策の観点から，2001 年に「特定製品に係るフロン類の回収及び破壊の実施の確保等に関する法律」（フロン回収・破壊法）が制定された．これに基づき，業務用冷凍空調機器の整備時・廃棄時のフロン類の回収や回収されたフロン類の破壊等が進められてきたが，冷媒 HFC の急増や冷媒回収率の低迷といった課題に対応するために，フロン類の製造から廃棄までのライフサイクル全体にわたる包括的な対策が求められるようになり，2013 年に同法が改正され，名称も「フロン類

の使用の合理化及び管理の適正化に関する法律」（フロン排出抑制法）と改められた．フロン排出抑制法では，フロン類製造業者等における使用合理化の推進やフロン類使用製品におけるフロン充塡量の低減などの上流対策，フロン冷媒を使用する業務用冷凍空調機器に係る点検義務や算定漏えい量報告制度などの機器使用時の漏えい（中流）対策，機器廃棄時のフロン類の冷媒回収・破壊・再生などの下流対策が講じられている．フロン排出抑制法は，2019 年にさらなる改正が行われ，機器廃棄時にユーザーがフロン回収を行わない違反に対する直接罰の導入等が規定された．

「国等における温室効果ガス等の排出の削減に配慮した契約の推進に関する法律」（環境配慮契約法）は，国などの公共機関が行う事務や事業について，温室効果ガス等の排出の削減に配慮した契約を行うことを定めている．対象分野は，電気の供給を受ける契約や自動車の購入，船舶の調達，省エネ改修，庁舎等の設計や維持管理，産業廃棄物の処理である．

森林吸収源対策に関しては，森林・林業基本法に基づき 2016 年に閣議決定された「森林・林業基本計画」において，地球温暖化の防止，低炭素社会の構築のため，間伐等の森林の適切な整備，保安林等の適切な管理・保全による CO_2 の吸収量の確保，木材及び木質バイオマスの利用による炭素の貯蔵などの取組を総合的に推進することが盛り込まれている．

経済的措置

経済的措置は，経済的なインセンティブを与えることにより，各主体が温室効果ガス削減や吸収量の増大に取り組むことを促すものでり，経済的負担を課す措置と経済的助成を与える措置がある．前者の措置には税や課徴金など，後者には補助金，助成金，税制上の優遇措置等が含まれる．特に，炭素税や排出量取引など，排出される炭素に対し，トンあたりの価格をつけるカーボン・プライシングの導入が現在の政策課題として挙げられている．

地球温暖化対策としての税については，日本では，2012 年から「地球温暖化対策のための税」が導入され，全化石燃料に対して CO_2 排出量に応じた税率（289 円／ CO_2 換算トン）が石油石炭税に上乗せされている．税率は，急激な負担増を避けるため，3 年半かけて段階的に引き上げられた．この課税による税収は，省エネルギー対策や再生可能エネルギーの導入などに充当

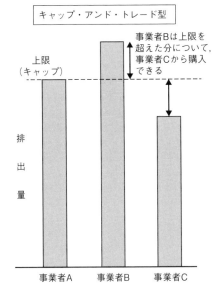

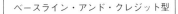

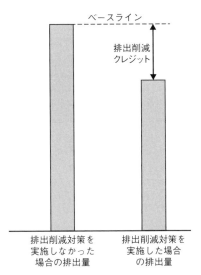

図 4.9　排出量取引のイメージ図（筆者作成）

されている．しかしながら，税率が諸外国と比べて低いことや明確な価格シグナルを発する観点から，より本格的な炭素税の導入の必要性について検討されている．

　地球温暖化対策に関係する税制としては，他にも，自動車重量税及び自動車取得税におけるエコカー減税や，自動車税及び軽自動車税におけるグリーン化特例（軽課）があり，CO_2 排出抑制の点で優れた車に対する軽減措置が設けられている．

　また森林吸収源に関して，2018 年度の税制大綱において，国民から 1 人年間 1000 円を徴収する「森林環境税」と，これを森林の整備等に使う「森林環境譲与税」の創設が決定された（林野庁，2018c）．

　排出量取引は，「キャップ・アンド・トレード型」と「ベースライン・アンド・クレジット型」に大別される（図 4.9 参照）．キャップ・アンド・トレード型は，対象事業者の温室効果ガス排出量に上限（キャップ）を設定し，これを下回って排出削減を実施した事業者が，上限を超えた事業者に対し，削減分を売却できる仕組みである．これにより，市場メカニズムによるコス

ト効率性と技術開発のインセンティブが期待される.

　キャップ・アンド・トレード型の排出量取引として,2005年1月からEUが欧州排出量取引制度（EUETS）を開始するなど,国際的に導入が進んでいる.一方,国内の事業者を対象にした排出量取引には,企業のコスト負担増や国際競争力への影響,炭素リーケージ（工場が日本から他国へ移動し,地球規模では排出量は削減されないケース）の課題が示されており,政府としては慎重に検討を進めることとしているが,東京都など地方公共団体による導入例がある.

　ベースライン・アンド・クレジット型の排出量取引は,対策が講じられなかった場合の排出量をベースラインとして設定し,対策後の排出量がベースラインを下回った際の削減分をクレジットと見なして取引可能とするものである.京都議定書に基づくクリーン開発メカニズムや共同実施,二国間クレジット制度（JCM）は,ベースライン・アンド・クレジット型に該当する.また,温室効果ガスの排出削減量や吸収量の増加量を政府がクレジットとして認定するJ-クレジット制度も実施されており,認証されたクレジットは,企業の自主行動計画である低炭素社会実行計画の目標達成やカーボン・オフセット（自らの温室効果ガス排出量をクレジットなどにより相殺すること）などに活用されている.

気候変動適応法と関連法

　2018年に成立した「気候変動適応法」は,「生活,社会,経済及び自然環境における気候変動影響が生じていること並びにこれが長期にわたり拡大するおそれがあることに鑑み,気候変動適応に関する計画の策定,気候変動影響及び気候変動適応に関する情報の提供その他必要な措置を講ずることにより,気候変動適応を推進し,もって現在及び将来の国民の健康で文化的な生活の確保に寄与すること」を目的としている.適応策の更なる充実・強化を図るため,国,地方公共団体,事業者,国民が適応策の推進のため担うべき役割を明確化し,政府による適応の総合的推進,情報基盤の整備,地域での適応の強化,適応の国際展開について規定している.気候変動影響の評価と気候変動適応計画の進捗管理が位置付けられており,適応策に関する定期的・継続的なPDCAを確保している.

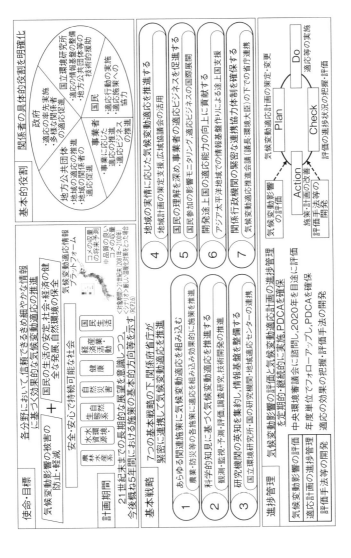

図 4.10　気候変動適応計画の概要（環境省，2018b）

　気候変動適応法に基づき，2018 年 11 月に「気候変動適応計画」が閣議決定された（環境省，2018c）．当初は法の成立に遡る 2015 年 11 月に閣議決定されたが，法定計画に格上げされたものである．気候変動適応計画では，目標として気候変動影響の被害の防止・軽減，また国民の生活の安定，社会・経済の健全な発展，自然環境の保全を掲げており，気候変動適応に関する分野別施策として，①農業，森林・林業，水産業，②水環境・水資源，③自然生態系，④自然災害・沿岸域，⑤健康，⑥産業・経済活動，⑦国民生活・都市生活の 7 分野を挙げている．各分野において，信頼できるきめ細かな情報に基づく効果的な気候変動適応の推進を目指しており，21 世紀末までの長期的な展望を意識しつつ，今後おおむね 5 年間における施策の基本的方向等を示すこととしている．また図 4.10 に示すとおり 7 つの基本戦略を掲げ，関係府省庁が緊密に連携して気候変動適応を推進することを規定している．

　適応計画の策定にあたっては，気候変動が日本にどのような影響を与えるのかを把握し，それを踏まえる必要がある．このため，適応の取組の進展状況を把握・評価する手法を開発すること，また気候変動影響評価をおおむね 5 年ごとに行い，その結果等を勘案して計画を改定することとしている．日本における気候変動適応評価としては，2013 年 7 月に中央環境審議会地球環境部会の下に気候変動影響評価等小委員会が設置され，これまでに既存の研究による気候変動の将来予測や，気候変動が日本の自然や人間社会に与える影響の評価等について審議が進められてきた結果，気候変動影響評価報告書が 2015 年 3 月に取りまとめられている．

　気候変動適応法では，情報基盤の整備も規定されており，適応基盤の中核として「国立環境研究所」を位置付けている．適応計画に基づく対策として，関係府省庁が連携して適応策の実施に取り組むとともに，地方公共団体や事業者等の取組をサポートする情報基盤として，同研究所が運営する「気候変動適応情報プラットフォーム」を通して気候変動の影響や適応に関する様々な情報を提供することとしている（環境省，2019b）．

地方公共団体の施策

　地方公共団体（都道府県及び市町村）は，地域に根差した地球温暖化対策を実施することができ，その役割は大きい．地球温暖化対策推進法に基づき，

都道府県及び市町村は，自らの事務及び事業に関して温室効果ガス排出量を削減するための「地方公共団体実行計画（事務事業編）」を策定することが求められている．また，同法に基づき，都道府県，指定都市及び中核市（施行時特例市を含む）は，その区域の自然的社会的条件に応じて温室効果ガスの排出の抑制等を行うための「地方公共団体実行計画（区域施策編）」の策定が求められており，その他の市町村（特別区を含む）についても，策定・実施に努めることとされている．

　また気候変動適応法では，都道府県及び市町村に，地域気候変動適応計画策定の努力義務を課している．2018年3月現在，44都道府県，18政令指定都市のほか，その他市町村や東京23区でも計画を策定している例がある．例えば埼玉県では，2016年3月に「地球温暖化への適応に向けて～取組の方向性～」を作成し，過去数年にわたる全庁的な影響・適応策の整理・点検結果の蓄積を取りまとめており，自然災害の短期・中長期の取組の方向性や，埼玉県における分野別の影響評価結果及び既存施策の点検結果一覧を掲載している．一方，多くの地方公共団体では既存の行政計画に適応策の重要性を記載しているものに留まっており，今後具体的な施策を位置付けるなどの計画の充実が必要とされている．

　さらに，気候変動適応法では，地域において，適応の情報収集・提供等を行う体制（地域気候変動適応センター）を確保すること，また広域協議会を組織し，国と地方公共団体等が連携して地域における適応策を推進することも規定している．加えて，地域において適応の情報収集・提供等を行う体制をサポートするため，国，都道府県，地域の研究機関等による地域適応コンソーシアムが2017年に構築されており，全国6地域の地域協議会メンバー間による適応に関する取組の共有と連携の推進や地域ニーズのある分野について気候変動の影響予測等が進められている．

　都市の低炭素化の促進に関する法律では，市町村が「低炭素まちづくり計画」を策定して，計画的な都市の低炭素化を推進することを促しており，2018年3月31日現在で24市区町が同計画を策定している．

　地方公共団体の先進的な取組として，東京都の「温室効果ガス排出総量削減義務と排出量取引制度」が挙げられる（東京都，2018）．2010年から開始されたこの制度は，対象となる事業所（電気，熱，燃料の使用量が年間で原

油換算 1500 kL 以上）が計画期間（5 年）の CO_2 排出総量を一定の排出上限
以下にすることを義務付けたものであり，自らの事業所での削減に加え，排
出量取引で削減量を調達することも認めている．本制度は，日本でははじめ
てのキャップ・アンド・トレード型の排出量取引制度であることや，オフィ
スビル等も対象に含めていることが特徴である．第 1 計画期間（2010-2014
年度）においては，全ての対象事業所が自らの排出削減または排出量取引の
活用により総量削減義務（基準年度から 8% または 6% 減）を達成した．埼
玉県においても 2011 年度から「目標設定型排出量取引制度」を実施してい
る．また，2050 年までの CO_2 排出実質ゼロ（ネットゼロ）を宣言した自治
体数は，2019 年 12 月までに 28 に増え（人口では 4500 万人に到達），こう
した自治体の野心的な行動が，日本のネットゼロ達成を早める力となること
が期待されている（環境省，2019c）．

民間企業等の取組

　産業界の取組として，「低炭素社会実行計画」の策定とその実施が挙げら
れる．これは，各業種が自主的に策定する温室効果ガス排出削減計画であり，
2012 年度までの計画は「自主行動計画」と呼ばれていた．各業種の低炭素
社会実行計画で設定される目標は，CO_2 排出量だけでなく，CO_2 排出原単位，
エネルギー消費原単位，エネルギー消費量，自然体ケース（Business As
Usual; BAU）からの削減量など，業種によって異なる．政府の地球温暖化
対策計画においても，産業部門（製造事業者等）の取組として，低炭素社会
実行計画の着実な実施と評価・検証が盛り込まれており，計画の実施状況に
ついて関係審議会等による評価・検証が行われている．

　個別の企業が積極的な行動をとるべくパートナーシップを形成している例
もある．「日本気候リーダーズ・パートナーシップ」（Japan Climate Lead-
ers' Partnership; JCLP）は，低炭素社会の実現に向けて積極的な行動を開始
すべきとの認識の下に 2009 年に設立された企業グループであり，2019 年 2
月現在，20 社がメンバーとなっている．

　また，適応についても民間企業による取組が進みつつある．気候変動適応
法においても①事業者の適応（自社の事業活動において，気候変動から受け
る影響を低減させる）及び②適応ビジネス（適応をビジネス機会としてとら

え，他者の適応を促進する製品やサービスを展開する）の両方の促進が位置付けられている．

適応ビジネスとしては，例えば次のようなビジネス機会が挙げられる．

- 気象観測・早期警戒システム
- 自然災害に対するインフラ技術
- GIS 技術を活用した営農支援技術
- 快適性に優れた住宅技術
- 気象災害に対応した保険商品

このように，公的資金だけではなく官民の取組による適応策の推進が期待されている．

さらに，地球温暖化対策推進法に基づき，地球温暖化対策に関する普及啓発を行う機関として全国地球温暖化防止活動推進センター，地域における普及開発や調査分析の拠点として地域地球温暖化防止活動推進センターが指定されている．

4.5 今後の課題と展望

気候変動問題が国際社会の課題として取り上げられはじめた 1980 年代後半から，国際的にも国内でも気候変動対策が徐々に進んだが，それ以上に気候変動による影響が顕在化してきている現状がある．世界的に広がり続ける気候変動関連災害の中で，補償を上回る災害損失，既存の保険等のスキームでは到底カバーできない被害が現実のものとなっている．日本では猛暑による熱中症の発生や度重なる集中豪雨，世界的にも島しょ国は海面上昇により国土の消失の危機に晒され，他方で深刻な干ばつが多発している．個々の気象現象を気候変動と直接関連付けることは困難でも，全体の傾向として気候が変動してきているのは明らかである．一方で，気候変動がもたらす経済的リスクの大きさに対する認識が十分浸透していないとされており，今後気候変動に関するコストや適応策の必要性を一般に広くわかりやすく示すことが必要といえる．

こうした状況において，国際社会はパリ協定に合意し，全ての国が参加する気候変動対策の次の一歩を踏み出した．2017 年 6 月の米国のパリ協定離

脱表明が影を落としているものの，地方公共団体や企業を含めたあらゆる主体の認識として気候変動対策に取り組むことに時間の猶予はないことが明確に認識されつつある．例えば，気候変動が企業経営，企業活動の持続性にとって重要なテーマとなりつつある．化石燃料等の座礁資産からの投資撤退（ダイベストメント）をはじめ，金融における ESG（環境 E，社会 S，ガバナンス G）導入が進む中で，投融資判断において気候変動リスクの考慮が標準になりつつある．「気候関連財務情報開示タスクフォース」（TCFD）を中心に企業における判断要素に気候変動リスクが取り上げられている．

　今後，国際社会が気候変動と向き合っていくためには，エネルギーなどの各部門で気候変動対策を主流化し持続可能な社会を構築していく努力が求められる．そのためには，各国の削減目標を継続的に「前進」させることが重要である．2019 年 9 月，SDG サミットとあわせて開催された国連気候行動サミットにおいても，気候変動対策の加速化の必要性が改めて認識された（国際連合広報センター，2019）．カーボン・プライシングなどの経済的措置を国際的に共通して導入する等により，国，金融も含めた市場の動向全体を気候変動対策の目指すべき方向と一致させることが重要である．また，中国をはじめとする新興国による排出増加など 1992 年の気候変動枠組条約の採択時とは国際的な状況は大きく異なっており，国際社会の変化に対応した枠組みのあり方も問われている．さらに，適応策の強化も必要とされている．気候変動がもたらす影響は地域によっても異なることから，関係機関の連携による気候変動データ・情報の更なる充実・集約，わかりやすい情報提供，地域の実情に応じた適応策を可能とする人的資源の充実等も今後の課題である．

　気候変動対策を進めるにあたり，2015 年 12 月のパリ協定に先立ち同年 9 月国連総会で採択された「持続可能な開発のための 2030 アジェンダ」及び「持続可能な開発目標」（SDGs，第 7 章・第 8 章参照）との関係を発展させることも重要である．「2030 アジェンダ」では「気候変動は最大の課題の一つ」とされ SDGs ゴール 13 でも気候変動の対策を講じることを位置付けている．一方パリ協定でも，持続可能な開発の文脈で気候変動策を位置付け，IPCC の報告書では気候変動策が SDGs に及ぼすシナジー（相乗作用）とトレードオフ（負の影響）に焦点をあてた研究が紹介されている（IPCC, 2018）．気候対策を進める際，SDGs や開発を視野にマルチベネフィットを有する対

策を発展させることにより，今後，ステークホルダーや資金面での一層の広がりが期待される．パリ協定と 2030 アジェンダは 2015 年に合意された 2 つの歴史的国際合意として，相互に連携，貢献しながら，また他の国際条約とのシナジーも認識しながら動いていくこととなる．

　パリ協定では，各国が長期の温室効果ガス低排出発展戦略を策定することを求めており，日本では，2019 年 6 月，「パリ協定に基づく成長戦略としての長期戦略」が策定された．同戦略では，脱炭素社会を今世紀後半のできるだけ早期に実現することを目指して，イノベーションの推進やグリーン・ファイナンスの推進などに取り組むこととしている．今後，長期的視点をふまえ，脱炭素社会に向けた歩みを着実に進めていく必要がある．化石燃料の大半を輸入に依存している日本が，化石燃料に頼らない社会を作ることは国益にかなう．また，優れた環境・エネルギー技術の移転などを通じて，国際協力にも貢献していくことが望ましい．

引用文献

外務省（2010）京都議定書に関する日本の立場．https://www.mofa.go.jp/mofaj/gaiko/kankyo/kiko/kp_pos_1012.html

外務省（2015）第 3 回国連防災世界会議．https://www.mofa.go.jp/mofaj/ic/gic/page3_001128.html

外務省（2016）気候変動分野における途上国支援．https://www.mofa.go.jp/mofaj/ic/ch/page23_001646.html

環境省（2005）平成 17 年版環境白書．http://www.env.go.jp/policy/hakusyo/h17/index.html#index

環境省（2014）日本国内における気候変動による影響の評価のための気候変動予測について．http://www.env.go.jp/press/18230.html

環境省（2016）国際地球温暖化対策室資料．

環境省（2018a）2016 年度（平成 28 年度）の温室効果ガス排出量（確報値）について．http://www.env.go.jp/press/105384.html

環境省（2018b）地球環境局資料（気候変動適応法参考資料）．

環境省（2018c）気候変動適応計画．http://www.env.go.jp/earth/tekiou.html

環境省（2019a）2017 年度（平成 29 年度）の温室効果ガス排出量（確報値）について．https://www.env.go.jp/press/111337.pdf

環境省（2019b）気候変動適応情報プラットフォーム．http://www.adaptation-platform.nies.go.jp/index.html

環境省（2019c）国連気候変動枠組条約第 25 回締約国会議（COP25）結果．https://

www.env.go.jp/press/files/jp/112952.pdf

環境省・経済産業省（2018）地球温暖化対策の推進に関する法律に基づく温室効
　　果ガス排出量算定・報告・公表制度による平成 27（2015）年度温室効果ガス
　　排出量の集計結果.

環境省・経済産業省・国土交通省（2018）次世代自動車ガイドブック 2017-2018.
　　http://www.env.go.jp/air/car/vehicles2017-2018/index.html

国際連合広報センター（2019）気候行動サミット，2020 年を期限とする主な気候
　　目標の達成に向け，各国の野心と民間セクターの行動に大きな前進をもたらす
　　（プレスリリース日本語訳）. https://www.unic.or.jp/news_press/info/34893/

資源エネルギー庁（2018）「平成 29 年度エネルギーに関する年次報告」（エネルギー
　　白書 2018）. https://www.enecho.meti.go.jp/about/whitepaper/2018pdf/

末吉竹二郎（2016）ビジネスが支えた COP 21／パリ協定. http://j-sus.org/colu
　　mn_3.html

政府がその事務及び事業に関し温室効果ガスの排出の抑制等のため実行すべき措
　　置について定める計画（政府実行計画）(2018). www.env.go.jp/earth/
　　action/mat01_2.pdf

地球温暖化対策計画（2016）https://www.env.go.jp/press/files/jp/102816.pdf

東京都（2018）東京都環境白書 2018. http://www.kankyo.metro.tokyo.jp/basic/
　　plan/white_paper/2018.html

林野庁（2018a）森林・林業基本計画. http://www.rinya.maff.go.jp/j/kikaku/
　　plan/

林野庁（2018b）平成 29 年度森林・林業白書. http://www.rinya.maff.go.jp/j/
　　kikaku/hakusyo/29hakusyo/zenbun.html

林野庁（2018c）森林環境税（仮称）と森林環境譲与税（仮称）の創設. 林野庁情
　　報誌「林野―RINYA―」平成 30 年 2 月号.

IPCC（気候変動に関する政府間パネル）（2014）第 5 次評価報告書統合報告書.

IPCC（気候変動に関する政府間パネル）（2018）1.5℃特別報告書. https://www.
　　ipcc.ch/sr15/

World Bank（2019）Climate & Disaster Risk Screening Tools. https://climate
　　screeningtools.worldbank.org/

第5章　化学物質

　化学物質は，製品や日用品，医薬品，農薬などの用途で幅広く生産され，現在の社会経済や生活に欠かせないものとなっている．一方で，化学物質の製造や使用，廃棄の段階で環境中に排出されることによる人の健康や生態系への影響が懸念されている．本章では，化学物質による環境への影響と現状，これを評価し管理する国内外の政策について解説する．

5.1　化学物質による影響

(1) 化学物質の有害性

　化学物質の有害性（ハザード）には，急性毒性や慢性毒性，発がん性，生殖毒性，アレルギー反応を生じさせる感作性などがあり，追って述べる生態毒性もある．また，人間や動植物が，化学物質を直接吸い込んだり，大気や水，食物を通じて摂取することを，化学物質に「ばく露（暴露または曝露）」されると言う．

　コラム　沈黙の春

　「沈黙の春」（原題：Silent Spring）は，米国の生物学者であったレイチェル・カーソンにより 1962 年に出版された．化学物質による人間や環境への影響に警鐘を鳴らした最初の書として有名である．同書の第 1 章は，「アメリカでは，春が来ても自然は黙りこくっている．そんな町や村がいっぱいある．いったいなぜなのか．そのわけを知りたいと思うものは，先を読まれよ」という文章で締めくくられ，その後の章で農薬など化学物質による食品や野生生物，人間への影響を描写している．本書の出版は社会的に大きな

議論を巻き起こし，その後の米国における化学物質規制につながった．

急性毒性と慢性毒性

　毒性のうち，一度あるいは短時間のばく露によって起こる毒性を「急性毒性」と言う．急性毒性の強さを表すのに用いられる指標は，50% の被験動物が死亡する用量（Lethal Dose 50%; LD_{50}）である．

　一方，長期間にわたって化学物質にばく露された際に生じる毒性を「慢性毒性」と言う．慢性毒性試験では，化学物質に長期間ばく露された試験動物を解剖し，有害な影響が認められない最大のばく露量を無毒性量（No Observed Adverse Effect Level; NOAEL）として表す．有害な影響が認められない最大のばく露量に代わり，有害な影響が認められる最小のばく露量として最小毒性量（Lowest Observed Adverse Effect Level; LOAEL）を用いる場合もある．

　急性毒性，慢性毒性とも，その指標は化学物質の投与量を試験動物の体重で割った値（例：mg/kg）で表される．図 5.1（a）は，動物実験の結果から無毒性量を求め，これをもとに人が一生摂取しても影響が出ないと判断される 1 日許容摂取量（Acceptable Daily Intake; ADI）を算出した場合を図示したものである．耐容 1 日摂取量（Tolerable Daily Intake; TDI）も 1 日許容摂取量と同じ意味で用いられる．1 日許容摂取量を求める際には，無毒性量に安全率を乗じて算出する．安全率とは，データの不確実性によりリスクを低く見積もることがないよう安全側に立って評価を行うための係数であり，人の個人差で 10 倍，種の差で 10 倍の不確実性を考慮し，100 分の 1 とする例があるが，実験の内容や確かさなどを考慮した専門家判断により変化する．なお，上記のように 1 日許容摂取量が設定できるのは，次に説明する発がん物質と異なり，影響の出ない領域（閾値）が存在する場合である．

発がん性

　発がん性とは，動物の正常細胞に作用して，細胞に悪性腫瘍（がん）を誘発させる性質のことである．国際がん研究機関（International Agency for Research on Cancer; IARC）では，人に対する発がんの確からしさについ

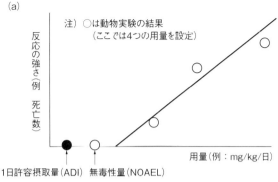

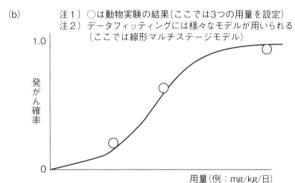

図 5.1　化学物質の用量と反応の関係（環境省，2018 をもとに作成）
（a）一般毒性物質，（b）発がん性物質.

て，化学物質などを 4 段階（発がん性がある，おそらくある／疑われる，分類できない，おそらくない）に分類している.

　発がん性物質の場合，遺伝子に作用して悪性腫瘍（がん）を作るため，一般的には「この量より物質が少なければ発がんの可能性なし」という閾値は存在せず，図 5.1（b）に示すようにどんなに少量でも発がんの可能性を持っていると考えられている．したがって，発がん性物質の場合は，どの程度の発がん率であれば受け入れられるかという評価を行うことになる.

内分泌かく乱物質

　人や動物の内分泌系（ホルモン）に影響を及ぼすことにより生体に障害や有害な影響を起こす化学物質は，「内分泌かく乱化学物質」（いわゆる「環境

ホルモン」）と呼ばれる．シーア・コルボーンにより 1996 年に刊行された
「Our Stolen Future（邦訳：奪われし未来)」では，DDT，クロルデン，ノ
ニルフェノールなどの化学物質が人の健康影響（男性の精子数減少，女性の
乳がん罹患率の上昇）や，野生生物への影響（ワニの生殖器の奇形，ニジマ
ス等の魚類の雌性化，鳥類の生殖行動異常等）をもたらしている可能性が指
摘された．

　内分泌かく乱物質については，環境省等により，環境中濃度の実態把握，
試験方法の開発，生態系や人への影響等に関する科学的知見を集積するため
の調査研究が進められてきている．

生態毒性

　様々な生物が群集して生態系を形成しているが，化学物質の生態系に対す
る有害性（生態毒性）を調べる場合には，試験の簡便性や評価のしやすさな
どの点から，通常は生態系全体を対象にした試験よりも，個々の生物群に対
する影響評価が行われる．具体的には，水産動植物として，各栄養段階の代
表的な水生生物種である，魚（メダカなど）やミジンコ，藻類を対象に，化
学物質にばく露した場合のふ化率の変化や遊泳や生長に対する阻害の有無を
観察する試験が行われる．

(2) 化学物質の環境リスク

　化学物質のリスクは，化学物質の有害性が人の健康や生態系への影響とし
て現れる可能性を意味し，有害性の強さとばく露の量を掛け合わせたものと
して表される．

$$化学物質のリスク　=　有害性の強さ　×　ばく露の量$$

　有害性の強さとは，上述した急性毒性や慢性毒性，発がん性などであり，
ばく露の量は化学物質の摂取量や環境中濃度の値などが用いられる．上記の
式により，有害性が強い化学物質であっても，そのリスクはばく露の量に左
右されることになる．

　したがって，化学物質の対策は，化学物質の有害性とばく露の量を把握し
てそのリスクを評価する「リスク評価」と，その結果に基づき，化学物質に

よる人や生態系への影響が生じないよう対策を講じることによりリスクを管理する「リスク管理」のプロセスから構成される．その際，ともすれば専門的になりがちな化学物質に関する情報が一般市民にも正確に理解されるよう，住民などを含む関係者の間での意見交換を通じてリスクの低減に取り組む「リスク・コミュニケーション」が重要となる．

5.2　環境中の化学物質

　化学物質の環境中の濃度を把握することは，そのリスクを評価する上で不可欠である．ここでは，環境影響の点で代表的な化学物質である PCB（第3章参照）とダイオキシン類を取り上げ，その環境中濃度を概観する．

　環境省では，環境中の化学物質の残留状況を把握するため，大気，水質，底質，生物を対象に，1974 年度から継続して「化学物質環境実態調査」を実施し，毎年，調査結果を発表している．様々な化学物質がこれまで測定されているが，図5.2は，大気，水質，底質，生物（貝類，魚類）中の PCB 濃度の推移を示したものである（環境省，2019a）．年による変動はあるものの，どの媒体の濃度も低減傾向にあることがわかる．いずれの測定値の単位も pg（ピコグラム）すなわち 10^{-12}g（1 兆分の 1 グラム）であり，微量の濃度を測定している．

　ダイオキシン類とは，一般にポリ塩化ジベンゾ-パラ-ジオキシン（PCDD）とポリ塩化ジベンゾフラン（PCDF）を指す（図5.3）．コプラナーポリ塩化ビフェニル（コプラナー PCB）のようにダイオキシン類と同様の毒性を示す物質はダイオキシン類似化合物と呼ばれる．ダイオキシン類は，塩素の数や付く位置によって毒性が異なり，PCDD のうち 2,3,7,8-の位置に塩素が付いたものの毒性が一番強い．ダイオキシン類は，ものの燃焼や塩素漂白などの過程で非意図的に排出される副生成物であり，発がん性や甲状腺機能の低下などが動物実験により報告されている．

　表5.1は，2017 年度における環境中のダイオキシン濃度の測定結果である（環境省，2019b）．ダイオキシン類は，最も毒性が強い 2,3,7,8-四塩化ジベンゾ-パラ-ジオキシン（Tetrachlorodibenzo-*p*-dioxin; TeCDD）の毒性を 1 とし，他のダイオキシン類の化合物の毒性を毒性等価係数として 1 以下の

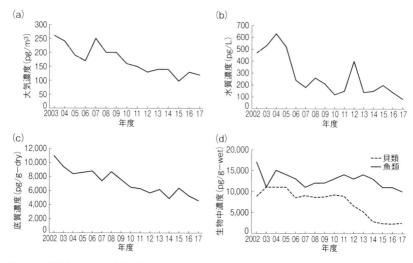

図 5.2 環境中の PCB 濃度の推移（環境省, 2019a）
（a）大気, （b）水質, （c）底質, （d）生物（貝類, 魚類）

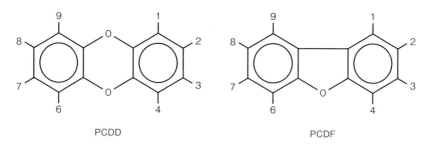

図 5.3 ダイオキシンの構造図
PCDD と PCDF は酸素の数が異なっている. また, 図中の数字の位置のどこに塩素がつくかで種類や毒性が異なる.

数値で表し, 各化合物の濃度に係数を掛け, これらを足し合わせた値を毒性等量（Toxic Equivalent Quantity; TEQ）としてダイオキシン類の濃度としている. 表 5.1 が示すとおり, 大気, 地下水, 土壌は全ての地点で環境基準を達成しており, 水質や底質も少数の地点を除いて環境基準を達成している.

表 5.1　環境中のダイオキシン（2017 年度）（環境省，2019b）

環境媒体	単位	環境基準	環境基準超過地点数	平均値	濃度範囲
大気	pg-TEQ/m^3	0.6 以下 （年平均値）	0/629	0.019	0.0033-0.32
公共用水域水質	pg-TEQ/ℓ	1 以下 （年平均値）	22/1442	0.17	0.010-1.7
公共用水域底質	pg-TEQ/g	150 以下	4/1205	6.7	0.043-610
地下水質	pg-TEQ/ℓ	1 以下 （年平均値）	0/498	0.049	0.0071-0.66
土壌	pg-TEQ/g	1000 以下	0/835	3.4	0-150

　TEQ（Toxic Equivalent Quantity）とは，最も毒性が強い 2,3,7,8-四塩化ジベンゾ-パラ-ジオキシンの毒性を基準としてダイオキシン類全体の量を表した値であることを意味する.

5.3　国際的な展開

(1)　リオ・サミット及びアジェンダ 21

　1992 年に開催された「環境と開発に関する国連会議」（「リオ・サミット」）では，化学物質管理に関する重要な考え方が合意された．具体的には，「環境及び開発に関するリオ宣言」の原則 15 は「環境を保護するためには，予防的な取組方法（Precautionary Approach）が各国の能力に応じてそれぞれの国で広く適用されなければならない．深刻な，あるいは不可逆的な被害のおそれがある場合には，完全な科学的確実性の欠如が，環境悪化を防止するための費用対効果の大きな対策を延期する理由として使われてはならない」と規定している．すなわち，「予防的な取組方法」（「予防的アプローチ」とも呼ばれる）とは，重大な環境影響が懸念される場合には，十分な科学的証拠がないことを理由に対策を遅らせるのではなく，予防的な対策を講じるというものである．「予防原則」（Precautionary Principle）という言葉が用いられる場合もあるが，早水（2019）は，EU が提唱する「予防原則」は「予防的な取組方法」とは相当に差があり，リスクについて科学的にはっきりしていなくても何らかの対策をとろうとするのが EU の考え方で，因果関係の挙証責任を行政ではなく事業者側に転嫁する考え方も含まれていると指摘している.

　同じくリオ・サミットで合意された「アジェンダ21」は，化学物質管理
に関する国際的な条約の誕生につながった．アジェンダ21の第17章（海洋
環境の保護）及び第19章（有害化学物質の環境上適正な管理）では，有害
化学物質管理に関する国際的な政策の採択を求め，同じく第19章では，有
害な化学物質の適正な管理のため，事前通報・同意手続に係る法的文書の早
期作成を要請した．これらを契機に政府間交渉が行われ，次節以降に取り上
げる国際的な規制を規定した各種条約の採択につながった．

(2) 残留性有機汚染物質に関するストックホルム条約（POPs条約）

　「残留性有機汚染物質（POPs）に関するストックホルム条約」（POPs条
約）は，前節で取り上げた予防的な取組方法に留意して，残留性有機汚染物
質から人の健康及び環境を保護することを目的としている．「残留性有機汚
染物質」（Persistent Organic Pollutants; POPs）とは，毒性があり（有害
性），分解しにくく（難分解性），生物中に蓄積され（高蓄積性），大気や水
などを介して長距離を移動する性質（長距離移動性）を有する物質であるた
め，国際的な汚染防止対策を実施するための条約が必要とされた．POPs条
約は，2001年に採択され，2004年に発効した（日本は2002年に締結）．

　POPs条約では，対象となるPOPsについて，規制の内容や物質の特徴に
対応して，製造・使用を禁止するもの（附属書Aに記載），製造・使用を制
限するもの（附属書Bに記載），非意図的生成から生ずる放出を削減するも
の（附属書Cに記載）に分類しており，具体的には表5.2のとおりである．
附属書A及び附属書Bの対象物質は，適用除外の規定が設けられている場
合があり，例えばデカブロモジフェニルエーテルの場合，難燃性を有する繊
維製品としての使用は，各国が申請すれば，製造・使用禁止の適用除外とな
る．

　規制の対象となるPOPsは，締約国会議の下での残留性有機汚染物質検討
委員会で審議された後に，2年に1回開催される締約国会議で決定される．
締約国会議の決定により改正される附属書の発効は，条約事務局が各締約国
に通報してから1年後であり，それまでに各国が国内で担保するための所要
の措置を講ずることになる．日本では，附属書A及びBの対象となった物
質については，後述する「化学物質の審査及び製造等の規制に関する法律」

表 5.2　POPs 条約の対象物質（2019 年 5 月現在，筆者作成）

附属書の種類	対象物質
附属書 A（製造・使用の禁止）	アルドリン，エンドスルファン類，エンドリン，クロルデコン，クロルデン類，ディルドリン，ヘキサクロロシクロヘキサン類，ヘキサクロロベンゼン，ヘキサブロモビフェニル，ヘプタクロル類，ペンタクロロベンゼン，ポリブロモジフェニルエーテル類，マイレックス，トキサフェン類，PCB 類，ヘキサブロモシクロドデカン類，ポリ塩化ナフタレン類（塩素数 2 〜 8 を含む），ヘキサクロロブタジエン，ペンタクロロフェノールとその塩及びエステル，デカブロモジフェニルエーテル，短鎖塩素化パラフィン（炭素数 10 〜 13，塩素化率 48 重量 % 以上，直鎖），ジコホル，ペルフルオロオクタン酸（PFOA）とその塩及び PFOA 関連物質
附属書 B（製造・使用を制限）	DDT 類，ペルフルオロオクタン酸（PFOS）とその塩及びペルフルオロオクタンスルホン酸フルオリド（PFOSF）
附属書 C（非意図的生成から生ずる放出を削減）	ダイオキシン，ジベンゾフラン，ヘキサクロロベンゼン，ペンタクロロベンゼン，PCB 類，ポリ塩化ナフタレン類（塩素数 2 〜 8 を含む），ヘキサクロロブタジエン

により，製造・輸入の事実上の禁止や特定の用途以外の使用禁止が担保されている．

　このほか，POPs 条約には，POPs を含んだ物質の在庫や廃棄物の適正管理及び処理，国内実施計画の策定，新たな POPs の製造・使用を予防するための措置，POPs に関する調査研究やモニタリング，途上国に対する技術・資金援助の実施を規定している．日本も，POPs 条約に基づく国内実施計画を 2005 年に策定し，2012 年及び 2016 年に改定している．

(3) 有害化学物質の国際貿易に関するロッテルダム条約

　「国際貿易の対象となる特定の有害な化学物質及び駆除剤についての事前のかつ情報に基づく同意の手続に関するロッテルダム条約」（ロッテルダム条約，オランダのロッテルダムで採択）は，先進国で使用が禁止または厳しく制限されている有害化学物質が，途上国にむやみに輸出されることを防ぐために，締約国間の輸出にあたっての事前通報・同意手続（Prior Informed Consent; PIC）等を設けた条約であり，PIC 条約とも呼ばれる．1998 年に採

択され，2004年に発効，日本は2004年に締結している．「ロッテルダム条約」は，次の各措置を講ずることを規定している．

- 締約国が，条約の対象物質の輸入に同意するかどうかを事前に事務局に通報し，事務局はこの情報を全ての締約国に伝えるとともに，輸出締約国はこれを自国内の関係者に伝え，自国内の輸出者が輸入締約国による決定に従うことを確保するための措置を取ること
- 特定の化学物質を禁止しまたは厳しく規制するための国内措置をとった締約国は，当該措置を事務局に通報すること
- 締約国は自国において使用を禁止または厳しく制限している物質を輸出しようとする場合は，輸入締約国に対して輸出の通報を行うこと
- 締約国は，条約の対象物質や自国での使用を禁止または厳しく制限している物質を輸出する場合，当該物質の危険性または有害性に関する情報をラベル等により表示し，安全性データシートを添付すること

日本では，ロッテルダム条約の対象となる化学物質を「輸出貿易管理令」に基づき指定し，輸出承認申請の対象としている．

(4) 水銀に関する水俣条約

「水銀に関する水俣条約」（水俣条約）は，水銀及びその化合物（水銀等）の人為的な排出及び放出から人の健康及び環境を保護することを目的とし，水銀等の採掘から貿易，使用，排出，放出，廃棄等に至るライフサイクル全体を包括的に規制する条約である．2013年10月，熊本県熊本市及び水俣市において開催された外交会議において採択され，2017年8月に発効した（日本は2016年2月に締結）．

水銀は常温で液体である唯一の金属元素である．加えて，揮発しやすく，様々な排出源から排出されて地球上を循環し，分解されることなく環境中に蓄積して，人の健康に有害な影響を及ぼすことから，世界規模での対策を実施するために条約が制定された．

水俣条約の前文には，メチル水銀を原因とした水俣病の教訓として，水銀汚染による人の健康及び環境への深刻な影響と，水銀の適切な管理の確保及び同様の公害の再発防止の必要性について盛り込まれた．水俣条約では，水銀の新規採掘の禁止と15年以内の既存鉱山からの採掘の禁止，条約に規定

された水銀添加製品（例：電池，蛍光ランプ，温度計等）の製造・輸入・輸出の原則禁止（達成期限は 2020 年），水銀等を使用する製造工程（例：塩素アルカリ製造，アセトアルデヒド製造）の段階的廃止，世界全体で水銀の最大排出源である零細及び小規模な金採掘（Artisanal and Small-scale Gold Mining; ASGM）での水銀等の使用削減，水銀等の大気への排出の規制・削減や水及び土壌への放出の規制，水銀等の暫定的保管や水銀廃棄物についての適正な管理，水銀等により汚染された場所を特定・評価するために締約国が戦略を策定することなどを規定している．

　また，水俣条約の規定を日本国内において担保するために，後述する「水銀による環境の汚染の防止に関する法律」（以下「水銀汚染防止法」）の制定や大気汚染防止法の改正（第 1 章参照）など，国内の法令等の整備が行われた．

(5) 国際的な化学物質管理のための戦略的アプローチ（SAICM）

　2002 年の「持続可能な開発に関する世界首脳会議」（WSSD，ヨハネスブルグ・サミット）で合意された実施計画では，「2020 年までに化学物質が人の健康・環境に与える著しい悪影響を最小化するような方法で生産・使用されるようにする」との目標が掲げられた．この目標を達成するための方策として，「国際的な化学物質管理のための戦略的アプローチ」（Strategic Approach to International Chemicals Management; SAICM）が 2006 年 2 月にアラブ首長国連邦のドバイで開催された第 1 回国際化学物質管理会議（International Conference on Chemicals Management; ICCM1）で策定された．

　SAICM は，予防的な取組方法の考え方に沿った，科学的なリスク評価に基づくリスク削減，化学物質に関する情報の収集と提供，各国における化学物質管理体制の整備，途上国に対する技術協力の推進等の分野での戦略と行動計画として位置付けられる．SAICM は，表 5.3 に示す 3 つの文書により構成される．

　SAICM は条約に基づく取組ではないが，これに沿って各国政府，国際機関，産業界，NGO 等が様々な取組を進めており，国際的な化学物質対策の重要な枠組みとして機能している．SAICM の採択を受けて，日本は関係省庁連絡会議を設置し，「SAICM 国内実施計画」（2012 年 9 月）を策定した．

表 5.3 SAICM を構成する文書（筆者作成）

文 書 名	内 容
1 ドバイ宣言	2020 年目標を確認する 30 項目からなるハイレベル宣言
2 包括的方針戦略（Overarching Policy Strategy）	SAICM の対象範囲，必要性，目的，財政的事項，原則とアプローチ，実施と進捗の評価について規定
3 世 界 行 動 計 画（Global Plan of Action）	SAICM の目的を達成するために関係者が取り得る行動についてのガイダンス文書．273 の行動項目，実施主体，スケジュール等を列挙

同計画は，WSSD で合意された 2020 年目標の達成に向けた我が国の今後の戦略を示すものであり，また一般環境を対象にした化学物質対策に加え，労働安全衛生，家庭用品の安全対策，シックハウス（室内空気汚染）対策も網羅する点で，包括的な計画となっている．

　今後国際社会においては，2020 年以降の枠組みの構築が最大の関心事項となっており，第 5 回国際化学物質管理会議（ICCM5，2020 年）での合意を目指し，国際交渉が進行中である．

（6）経済協力開発機構（OECD）の取組

　OECD は，「化 学 物 質 排 出 移 動 量 届 出 制 度」（Pollutant Release and Transfer Register; PRTR）の導入を各国に勧告するなど，化学物質の管理に関する政策の推進や国際協調の分野で，これまでに重要な役割を果たしてきている．具体例として，化学物質の安全性試験の技術的基準であるOECD「テストガイドライン」を作成し，各国共通の試験法の導入に貢献している．また，OECD では，化学物質の安全性試験を行うための施設についての基準を，「優良試験所基準」（Good Laboratory Practice; GLP）として示している．これに適合した試験所において OECD「テストガイドライン」に基づき得られた化学物質のデータであれば，他国のデータであっても利用可能とすることで，各国間のデータ相互受入れ（Mutual Acceptance of Data; MAD）を主導しており，これにより政府，産業界の化学物質管理に関するコストを大幅に低減している（相澤，2015）．

5.4　国内の政策

　国内では，用途やばく露経路などに対応して，様々な法律により化学物質が管理されている．化学物質による環境への影響に関する法律（図 5.4 参照）のうち，化学物質全般にわたる法律としては，「化学物質の審査及び製造等の規制に関する法律」（化学物質審査規制法，化審法）と「特定化学物質の環境への排出量の把握等及び管理の改善の促進に関する法律」（化学物質排出把握管理促進法）があり，個別の化学物質を規制する法律として，「ダイオキシン対策特別措置法」や「水銀汚染防止法」がある．本節では，これらの法律の概要を紹介する．

(1)　化学物質審査規制法（化審法）

　化審法は，工業的に合成される化学物質を対象とし，人の健康を損なうおそれまたは動植物の生息若しくは生育に支障を及ぼすおそれがある物質による環境の汚染を防止するため，新規の化学物質の製造または輸入に際し，事前にその化学物質の性状に関して審査する制度を設けるとともに，その有する性状等に応じ，化学物質の製造，輸入，使用等について必要な規制を行うことを目的としている．化審法は，PCB による健康被害を受けて，類似の化学物質の製造を規制すべく 1973 年に制定された．

　化審法では，化学物質の性状に対応して表 5.4 に示すとおりに分類し，規制等の措置を講じている．化学物質の審査にあたって，①厚生労働省が人の健康への影響の審査・評価，②経済産業省が分解性・蓄積性の審査や評価，製造量・用途の把握，及び③環境省が動植物への影響（生態毒性）の審査・評価や環境モニタリングを担当している．化審法による分類のうち，「第一種特定化学物質」は，難分解性（環境中で自然に分解されにくい），高蓄積性（生物の体内に蓄積されやすい），人への長期毒性（継続的摂取により人の健康を損なうおそれがある）の３つの性状を有する物質であり，製造や使用の規制が行われている．化審法は，POPs 条約の国内担保法としても位置付けられ，現在，POPs 条約で製造・使用等の原則禁止（附属書 A）または制限（附属書 B）されている物質は，全て化審法の第一種特定化学物質に指定されている．

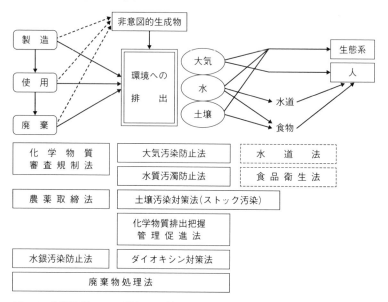

図 5.4　化学物質による環境への影響に関する法律（環境省，2018 をもとに作成）

　化審法はこれまで数次の改正を経ている．代表的なものとして，1986 年の改正では，蓄積性はないものの難分解性であり，かつ慢性毒性を有する物質のうち，相当広範な地域の環境に残留して人の健康に影響を及ぼすおそれのある物質を「第二種特定化学物質」として指定し，製造及び輸入量等の規制を行うこととされた．2003 年の改正では，生態系への影響を考慮する観点から動植物への毒性が化学物質の審査項目に新たに加えられた．2009 年の改正では，WSSD 2020 年目標の達成に向けて，既存化学物質を含む全ての工業用化学物質について，簡易なスクリーニング評価により優先的に安全性評価を行う必要があるとされた化学物質を「優先評価化学物質」に指定し，詳細なリスク評価を行うという，包括的な管理制度を導入した．

　なお，化審法では，生産量が少量の化学物質については特例制度を設ける措置を講じている．

(2) 化学物質排出把握管理促進法

　「化学物質排出把握管理促進法」は，PRTR（Pollutant Release and Transfer Register）と呼ばれる化学物質排出移動量届出制度と，安全デー

表 5.4　化審法による化学物質の分類と規制内容（筆者作成）

分類	特性	主な規制内容	対象物質の例
第一種特定化学物質	難分解性，高蓄積性，人または高次捕食動物への長期毒性	• 製造・輸入許可制（必要不可欠用途以外は禁止） • 使用の原則禁止 • 指定製品の輸入禁止 • 回収等措置命令　等	PCB や DDT 等 33 物質
第二種特定化学物質	人または生活環境動植物への長期毒性，相当広範な地域の環境中に相当程度残留	• 製造・輸入（予定及び実績）数量，用途等の届出 • 必要に応じて製造・輸入予定数量の変更命令 • 取扱についての技術指針 • 指定製品の表示　等	トリクロロエチレンやテトラクロロエチレン等 23 物質
監視化学物質	難分解性，高蓄積性（人または高次捕食動物への長期毒性は不明）	• 製造・輸入実績数量，詳細用途等の届出義務 • 有害性調査指示等 • 情報伝達の努力義務	酸化水銀（II）等 41 物質
優先評価化学物質	低蓄積性，人または生活環境動植物への毒性がないとは言えず，環境中に相当程度残留	• 製造・輸入実績数量・詳細用途別出荷量等の届出 • 有害性調査指示 • 情報伝達の努力義務	ベンゼンやトルエン等 223 物質
特定一般化学物質（公示前は特定新規化学物質）	低蓄積性，一般化学物質のうち，人または生活環境動植物への著しい長期毒性	• 製造・輸入実績数量，用途等の届出 • 情報伝達の努力義務　等	特定一般化学物質として公示された物質は現時点ではない
一般化学物質	上記以外の化学物質（新規化学物質を除く）	• 製造・輸入実績数量，用途等の届出	およそ 2 万 8000 物質

タシート（Safety Data Sheet; SDS）という 2 つの情報開示・共有の制度を通じて，事業者による化学物質の自主管理の改善を促進し，環境保全上の支障の未然防止を図ることを目的としている．1996 年に OECD が PRTR の導入を各国に促す勧告を出したことを受け政府内で検討が進み，1999 年に同法が制定された．

　多くの化学物質は，人の健康や生態系への影響が懸念される一方で，排出基準等の設定に至るまでのリスク評価を行うには相当の時間を要する．PRTR 制度は，こうした物質を対象に，事業者が化学物質の環境への排出

量の把握を行い，行政がこれを公表することにより，事業者の自主的な管理を促すとともに，国民に化学物質の環境リスクの情報を提供することや，公表されたデータを行政が化学物質管理に活用することをねらいとしている．

　PRTR制度の主なプロセスは，以下のとおりである．

①対象事業者（製造業など24の業種に該当し常用雇用者の数が21人以上）は，個別事業所毎にPRTRの対象となる各物質（2019年7月現在，462物質）を原則年間1トン以上取り扱う場合，その環境中への排出量や廃棄物に含まれた移動量を毎年把握し，都道府県知事等を通じて，国（事業所管大臣）に届け出る

②事業所管大臣は，届け出されたデータを環境大臣及び経済産業大臣に通知する

③環境省及び経済産業省は，物質，業種，地域別に届出データを集計し，届出以外の排出（家庭，農地，自動車等）を推計した結果と併せて公表するとともに，関係省庁及び都道府県へ通知する

　上記のプロセスにより得られた個別事業所ごとの届出排出・移動量のデータについては，経済産業省のPRTRデータ分析システムまたは環境省のPRTRインフォメーション広場により閲覧することができる．2017年度の届出排出・移動量の合計の上位5物質は，表5.5のとおりである（環境省，2019c）．

　安全データシートは，以前はMSDS（Material Safety Data Sheet）と呼ばれていたが，国際標準に合わせるためにSDSと呼ばれることとなった．事業者は，対象物質の譲渡や提供を行う際に，相手方に対して当該化学物質の性状や取扱いに関する情報であるSDSを提供することが義務付けられている．対象物質は，化学物質排出把握管理促進法の第一種指定化学物質（PRTR対象物質）である462物質に同法の第二種指定化学物質である100物質を加えた562物質である．第二種指定化学物質は第一種指定化学物質と有害性の程度は同じであるが，環境中に排出される可能性が低いため，SDSのみの対象となっている．

（3）ダイオキシン類対策特別措置法

　1990年代に廃棄物焼却炉等から排出されるダイオキシンが社会的な問題

表 5.5　PRTR 制度による届出排出・移動量の上位 5 物質（2017 年度）（環境省，2019c）

単位：千トン／年

	物質名	用　途	排出量	移動量	合計
1	トルエン	化学物質を合成する際の原料や塗料・接着剤などの溶剤等	51	35	86
2	マンガン及びその化合物	合金の原料や鉄鋼製品製造時の添加剤，乾電池や酸化剤等	2	59	61
3	キシレン	化学物質を合成する際の原料や塗料・農薬などの溶剤等	27	7.5	34
4	クロム及び三価クロム化合物	特殊鋼など合金の成分，研磨剤，顔料等	0.1	21	21
5	エチルベンゼン	スチレンの原料，塗料・接着剤・インキの溶剤等	15	3.7	19

となったことを受け，「ダイオキシン類対策特別措置法」が 1999 年に議員立法により制定された．同法は，ダイオキシン類による環境汚染の防止やその除去などを図り，国民の健康を保護することを目的としている．具体的な規定として，施策の基本とすべき基準（耐容 1 日摂取量及び環境基準）の設定，排出ガス及び排出水に関する規制，廃棄物処理に関する規制，汚染状況の調査，汚染土壌に関する措置，国の削減計画の策定などが定められている．

　同法に基づくダイオキシンの耐容 1 日摂取量（ダイオキシン類を人が生涯にわたって継続的に摂取したとしても健康に影響を及ぼすおそれがない 1 日あたりの摂取量，5.1（1）も参照）は，4 pg-TEQ／kg 体重／日とされた（1日体重 1 kg あたり 4 ピコグラム）．TEQ は，2,3,7,8-四塩化ジベンゾ-パラ-ジオキシンの量として換算した数値を意味し，ピコグラムは 10^{-12}g（1 兆分の 1 グラム）である．

　ダイオキシン類は，ダイオキシン類対策特別措置法と，ダイオキシン類対策関係閣僚会議により策定された「ダイオキシン対策推進基本指針」（1999年）に沿って，削減対策等が行われ，図 5.5 に示すように，排出量は 1997年度の 8129 g-TEQ／年から 2016 年度には 111 g-TEQ／年へと大幅に削減

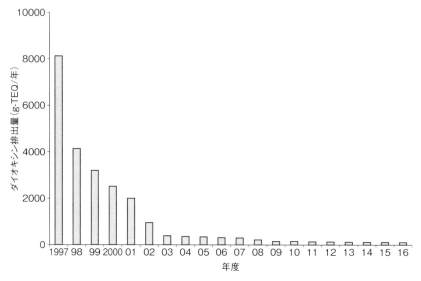

図 5.5　ダイオキシン排出量の推移（環境省，2019d）

された（環境省，2019d）．

（4）水銀汚染防止法

　「水俣条約」の的確かつ円滑な実施を確保し，水銀等による環境の汚染を防止するため，各種の規制措置を盛り込んだ「水銀汚染防止法」が 2015 年に制定され，条約の発効と同時（2017 年 8 月）に施行された．「水銀汚染防止法」は，既存の法令の改正等では水俣条約の規定に対応できない部分についての措置を定めている．

　具体的な例としては，水銀等が使用されている製品のうち，その製造に係る規制を行うことが特に必要なものを「特定水銀使用製品」と定義し，特定水銀使用製品の製造及び部品としての組込みを原則として禁止している．例えば，一般的な照明用のコンパクト蛍光ランプであれば，30 W 以下で水銀含有量が 1 本あたり 5 mg を超えるものが廃止の対象となり，条約上の廃止期限が 2020 年末であるのに対し水銀汚染防止法では 2017 年末を廃止期限として条約の規定よりも前倒ししている．このように，水銀汚染防止法では，いくつかの品目について規制対象となる範囲を拡大あるいは廃止期限を前倒

しすることで，条約よりも踏み込んだ内容となっている．なお，規制対象は，特定水銀使用製品の製造及び部品としての組込みであり，当該製品の購入，使用，修理，規定の含有量を超えない製品の製造等は規制対象外である．このほか，水銀等が使用されている製品の適正回収のための国，市町村，事業者それぞれの責務を規定している．

　また，水銀汚染防止法では，水銀鉱の掘採や製造工程における水銀等の使用を禁止しているほか，水銀等による環境の汚染の防止に関する計画の策定，水銀等を貯蔵する場合の事業者による定期的な報告などの措置を講じることとしている．

(5) 農薬取締法

　農薬は，環境中で使用・排出されるため，人の健康や生態系に悪影響を及ぼすおそれがあることから，その管理が環境保全上重要となる．「農薬取締法」は，農薬について登録の制度を設け，販売及び使用の規制を行っている．登録制度により，一部の例外を除き，国（農林水産省）に登録された農薬だけが製造，輸入及び販売することが許されている．

　農薬取締法は，農薬の作物残留，土壌残留，生活環境中の動植物の被害防止及び水質汚濁の観点から国が基準を定めることとされており，申請された農薬ごとにこれらの基準を超えないことを確認した上で登録される．これらの基準は環境大臣が定めており，審査の結果，通常の使用により基準を超えると判断される場合には登録されない．

5.5　今後の課題と展望

　化学物質の管理に関する今後の課題と展望として，以下の 4 点を述べたい．
　第 1 点は，SDGs に対応した化学物質管理である．化学物質の流通や汚染がグローバル化する中で，国際的に協調した化学物質管理が求められる．SDGs のゴール 3（健康な生活）ではターゲット 3.9 において 2030 年までに有害化学物質などの汚染による死亡及び疾病の件数を大幅に減少させること，ゴール 6（水）ではターゲット 6.3 において 2030 年までに有害な化学物・物質の放出の最小化などにより水質を改善すること，ゴール 12（持続可能

な生産・消費）ではターゲット 12.4 において 2020 年までに製品ライフサイクルを通じて環境上適正な化学物質や全ての廃棄物の管理を実現し，人の健康や環境への悪影響を最小化するため，化学物質や廃棄物の大気，水，土壌への放出を大幅に削減することを掲げている．こうした世界共通の目標を念頭に化学物質管理を進めることが重要である．

　第 2 点は，第 1 点とも関係するが，化学物質のライフサイクル全体において環境への負荷を低減する「グリーン・ケミストリー」あるいは「グリーン・サスティナブル・ケミストリー」と呼ばれる取組の推進である．原料の選択から製造や使用・廃棄までの段階において化学物質による環境への影響をできるだけ抑制する，こうした取組を特に生産者側において推進することが望ましい．

　第 3 点は，化学物質に関する新たな課題への機敏な対応である．社会の需要や技術の進展などに対応して新たな化学物質が生まれ，中には環境に対する影響が懸念されるものもある．こうした物質に対するリスクの評価と管理を国際的に協調して進めていく必要がある．具体的には，SAICM において，新規政策課題として，塗料中鉛，製品中化学物質，電気電子部品のライフサイクルにおける有害化学物質，ナノテクノロジーとナノ材料，内分泌かく乱物質，環境残留性のある医薬汚染物質を挙げており，これらの課題への対応が求められる．

　最後に，リスク・コミュニケーションの重要性を挙げる．社会経済や技術が発展することに伴い複雑化や専門化が進み，化学物質の物性や影響についても一般市民には理解が困難になることが懸念される．このため，市民も交えてリスク・コミュニケーションの機会を積極的に設け，化学物質の物性やその影響，使用時や廃棄時における注意事項などの理解を促すことが，化学物質の管理において肝要となる．

引用文献

相澤寛史（2015）OECD 環境政策委員会及び化学合同会合の動向について．環境管理，51(4)：60-64.

カーソン，レイチェル（1974）『沈黙の春』（青樹簗一訳）新潮社，394 pp.（Carson, R.（1962）"Silent Spring", Houghton Mifflin Company, 368 pp.）

環境省（2018）環境安全課資料（化学物質対策の最新動向と課題）．

環境省（2019a）平成 30 年度版「化学物質と環境」（平成 29 年度化学物質環境実態調査調査結果報告書）．http://www.env.go.jp/chemi/kurohon/2018/index.html

環境省（2019b）平成 29 年度ダイオキシン類に係る環境調査結果について．https://www.env.go.jp/press/106592.html

環境省（2019c）平成 29 年度 PRTR データの概要等について―化学物質の排出量・移動量の集計結果等―．http://www.env.go.jp/press/106541.html

環境省（2019d）ダイオキシン類の排出量の目録（排出インベントリー）について．https://www.env.go.jp/press/106594.html

コルボーン，シーア；ダマフスキ，ダイアン；マイヤーズ，ジョン・ピーターソン（1997）『奪われし未来』（長尾力訳），翔泳社，366pp.（Colborn, T., Dumanoski, D. and Myers, J. P.（1996）"Our Stolen Future", Dutton Adult, 320 pp.）

早水輝好（2019）環境汚染対策の進展と今後の課題（第 2 回化学物質対策（国際編））．環境管理，55(2)：51-59.

第**6**章　生物多様性

　本章では，地球環境の保全において重要な課題の一つである生物多様性に
焦点をあて，その現状や国際的な動向，国内の取組などについて解説する.

6.1　生物多様性の現状

(1) 世界の生物多様性の現状

　地球上の全ての生物は，様々な生態系（ecosystem）に組み込まれ，相互
に依存して生息・生育している. 生態系は，生物が生息・生育していくのに
重要な役割を果たしており，人間にも「供給サービス」「調整サービス」「文
化的サービス」「基盤サービス」といった様々な「生態系サービス」を提供
している（コラム 生態系サービス参照）.

　生物多様性とは，1992 年に採択された「生物の多様性に関する条約」（生
物多様性条約, Convention on Biological Diversity; CBD）では，「全ての生
物の間の変異性をいうもの」と定義し，「生態系の多様性」「種間（種）の多
様性」「種内（遺伝子）の多様性」の 3 つのレベルの多様性があるとしてい
る.「生物多様性国家戦略 2012-2020」(2012) では，「生態系の多様性」とは
干潟や森林，サンゴ礁など様々なタイプの生態系がそれぞれの地域に形成さ
れていること,「種の多様性」とは様々な動物・植物や菌類，バクテリアな
どが生息・生育していること,「遺伝子の多様性」とは同じ種であっても個
体や個体群の間に遺伝子レベルでは違いがあることと説明している. こうし
た自然界の各層の多様性が微妙なバランスの上に存立して，現在の生物多様
性が形成されている. 守分 (2014) は，生物多様性について「地球上の様々
な環境に適応した，個性を持った特有の生きものがいること，そしてそれぞ

れが様々な相互作用によってつながり合っていること」としている．生物多
様性の保全は，現在及び将来の全ての生命が存立する基盤を維持するため，
また生態系がもたらす恵みを享受するために，国際社会にとって重要な課題
となっている．

　全世界ですでに知られている種は約 175 万種，このうち哺乳類は約 6000
種，鳥類は約 9000 種，昆虫は約 95 万種，維管束植物は約 27 万種となって
おり，未知の種も含めた地球上の総種数は 3000 万種とも推定されている．
ところが，人間活動の増大によって多くの種が絶滅の危機に瀕しており，
「国 際 自 然 保 護 連 合」(International Union for Conservation of Nature;
IUCN) が 2017 年にまとめた「絶滅のおそれのある野生生物種のリスト」
（レッドリスト）によると，脊椎動物，無脊椎動物，植物などにおいて，評
価対象とした種の 27% 以上が絶滅のおそれがあるとされている．

　生物多様性条約事務局が 2014 年に公表した「地球規模生物多様性概況第
4 版」(Global Biodiversity Outlook 4; GBO4) では，生物多様性に対する圧
力を軽減し，その継続する減少を防ぐための緊急的で有効な行動がとられな
い限り，後述する「生物多様性に関する愛知目標」の達成には不十分である
と結論付けられている．また，生物多様性への圧力あるいは直接的な要因と
して①生息地の損失・劣化・分断，②生物資源の過剰利用，③農業や水産養
殖業や林業等の主要活動における持続可能でない生産様式，④汚染，⑤侵略
的な外来種の導入及び定着，⑥気候変動の影響に特に脆弱なサンゴ礁等の生
態系に対する複数の圧力等の 6 つを挙げている．

コラム　生態系サービス

　国連の主唱により 2000 年代前半に実施された「ミレニアム生態系評価」
(Millennium Ecosystem Assessment, 2005) では，生態系サービス（人間が
生態系から得られる恵み）について，食料や水，木材，燃料などを生態系か
ら得る「供給サービス」，生態系プロセスの調整による気候の調整や洪水制
御，水の浄化などの「調整サービス」，生態系の審美的価値や教育的価値，
レクリエーション機能などの「文化的サービス」，そして生態系による栄養
塩の循環や土壌の形成などの「基盤サービス」の 4 つに分類している．ミレ
ニアム生態系評価では，こうした生態系サービスが低下していることや持続

できない形で利用されていることに対し警鐘を鳴らしている.

(2) 生物多様性の科学的評価

　2008 年以降，生物多様性と生態系サービスに関する動向を科学的に評価し，科学と政策のつながりを強化する国際的な仕組みづくりのため，「生物多様性と生態系サービスに関する政府間科学政策プラットフォーム」(Inter-governmental Science-Policy Platform on Biodiversity and Ecosystem Services; IPBES) の設立に向けた検討が進められてきた. 2010 年の生物多様性条約第 10 回締約国会議（COP10）において IPBES の設立の必要性について基本合意がなされた後，2012 年 4 月に正式に設立が決定された.

　IPBES は，①科学的評価，②能力開発，③知見の共有，④政策立案支援の 4 つの機能を柱としている. これまで，地球規模，世界の各地域・準地域，シナリオとモデルの方法論及び各課題（花粉媒介者・花粉媒介及び食料生産，土地劣化と再生）について，生物多様性と生態系サービスを評価した報告書を作成している. とりわけ 2019 年 5 月に発表された地球規模の評価報告書（IPBES, 2019）は，自然環境やその恵みは世界各地で劣化しており，その直接的な要因（陸と海の利用の変化，乱獲，気候変動，汚染，外来種の侵入）や間接的な要因（生産・消費パターン，人口の動態と推移，貿易など）は過去 50 年間にわたって進行してきたこと，このままでは自然保護と自然の持続的な利用に関する目標は達成されないが，緊急かつ協調的に社会の変革が行われることで自然を保全，再生，持続的に利用することが可能であること等について明らかにしており，同時期に開催された G7 環境大臣会合において大きく取り上げられたことから，国際社会から注目を浴びた.

　なお，IPBES の報告書では，「生態系サービス（Ecosystem Services）」に代わり，「自然が人にもたらすもの（Nature's Contributions to People; NCP）」という用語が用いられるようになっている.

(3) 日本の生物多様性の現状

　特定の地域に生息・生育する生物の種類の構成を「生物相」という. 日本では，すでに知られている生物相は 9 万種以上，未知の種も含めた総種数は

30万種を超えると推定されており，約38万km²の国土面積（陸域）に比して，非常に豊かな生物相が見られる（守分，2014）．

　世界的な動向と同じく，日本においても，生物多様性の損失は依然として進行している．日本における生物多様性の損失の要因としては，「生物多様性国家戦略2012-2020」において生物多様性が直面する危機を，①開発など人間活動による危機，②自然に対する働きかけの縮小による危機，③人間により持ち込まれたものによる危機，及び④地球環境の変化による危機の「4つの危機」として整理されている．

6.2 国際的な動向

(1) 生物多様性条約

条約制定の背景

　人類は，地球生態系の一員として他の生物と共存しており，また，生物を食糧，医療，科学等に幅広く利用している．一方，野生生物の種の絶滅が過去にない速度で進行し，その原因となっている生物の生息・生育環境の悪化及び生態系の破壊に対する懸念が深刻なものとなってきた．このような事情を背景に，希少種の取引規制や特定の地域の生物種の保護を目的とする「絶滅のおそれのある野生動植物の種の国際取引に関する条約」（ワシントン条約），及び「特に水鳥の生息地として国際的に重要な湿地に関する条約」（ラムサール条約）等を補完するとともに，生物の多様性を包括的に保全し，生物資源の持続可能な利用を行うための国際的な枠組みを設ける必要性が国際社会において共有された．

　そこで1987年の国連環境計画（United Nations Environment Programme; UNEP）管理理事会の決定により設立された専門家会合において検討が開始され，1990年11月以来7回にわたり開催された政府間条約交渉会議における交渉を経て，1992年5月，ケニアのナイロビで開催された合意テキスト採択会議において，「生物多様性条約」は採択された．

　同条約は，1992年，ブラジルのリオデジャネイロで開催された「環境と開発に関する国連会議」（「リオ・サミット」）において署名のため開放された．翌1993年5月，日本は18番目の締約国としてこの条約を締結しており，

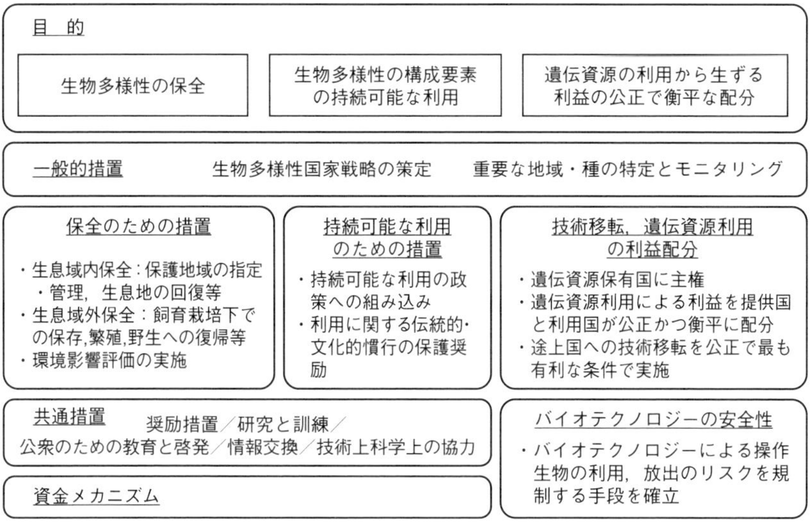

```
┌─────────────────────────────────────────────────────────────────┐
│  目　的                                                           │
│  ┌──────────────┐  ┌──────────────┐  ┌──────────────────┐       │
│  │ 生物多様性の保全 │  │ 生物多様性の構成要素 │  │ 遺伝資源の利用から生ずる │       │
│  │              │  │ の持続可能な利用 │  │ 利益の公正で衡平な配分 │       │
│  └──────────────┘  └──────────────┘  └──────────────────┘       │
└─────────────────────────────────────────────────────────────────┘
┌─────────────────────────────────────────────────────────────────┐
│  一般的措置     生物多様性国家戦略の策定   重要な地域・種の特定とモニタリング │
└─────────────────────────────────────────────────────────────────┘
┌────────────────────┐ ┌────────────────┐ ┌──────────────────────┐
│  保全のための措置      │ │ 持続可能な利用    │ │ 技術移転，遺伝資源利用     │
│                    │ │ のための措置      │ │ の利益配分             │
│ ・生息域内保全：保護地域の指定 │ │ ・持続可能な利用の政 │ │ ・遺伝資源保有国に主権     │
│   ・管理，生息地の回復等  │ │  策への組み込み    │ │ ・遺伝資源利用による利益を提供国 │
│ ・生息域外保全：飼育栽培下で │ │ ・利用に関する伝統的・ │ │  と利用国が公正かつ衡平に配分 │
│   の保存,繁殖,野生への復帰等 │ │  文化的慣行の保護奨 │ │ ・途上国への技術移転を公正で最も │
│ ・環境影響評価の実施    │ │  励            │ │  有利な条件で実施       │
└────────────────────┘ └────────────────┘ └──────────────────────┘
┌──────────────────────────────────────────┐ ┌──────────────────┐
│  共通措置    奨励措置／研究と訓練／          │ │ バイオテクノロジーの安全性 │
│  公衆のための教育と啓発／情報交換／技術上科学上の協力 │ │ ・バイオテクノロジーによる操作 │
└──────────────────────────────────────────┘ │  生物の利用，放出のリスクを規 │
┌──────────────────────────────────────────┐ │  制する手段を確立       │
│  資金メカニズム                            │ └──────────────────┘
└──────────────────────────────────────────┘
```

図 6.1　生物多様性条約の概要（環境省，2002）

同年 12 月に，条約は発効した．2019 年 12 月現在，196 の国及び地域が加盟している．

条約の概要

　「生物多様性条約」の目的は，①生物多様性の保全，②生物多様性の構成要素の持続可能な利用，③遺伝資源の利用から生ずる利益の公正かつ衡平な配分，と規定されている（第 1 条）．遺伝資源の利用から生ずる利益の公正かつ衡平な配分とは，各国が自国の天然資源に対して主権的権利を有するものと条約上規定されていることから，A 国の微生物に含まれる遺伝資源を利用して B 国が医薬品や食料などを開発した際に，得られた利益を両国間で公正かつ衡平に配分するというものである．

　本条約の概要について，図 6.1 に示す．本条約には，先進国の資金により途上国の取組を支援する資金援助の仕組みと，先進国の技術を途上国に提供する技術協力の仕組みがあり，経済的・技術的な理由から生物多様性の保全と持続可能な利用のための取組が十分でない途上国に対する支援が行われることになっている．また，生物多様性に関する情報交換や調査研究を各国が協力して行うことになっている．本条約の事務局は，カナダのモントリオー

戦略目標A. 生物多様性を主流化し，生物多様性の損失の根本原因に対処

目標1：生物多様性の価値と行動の認識
目標2：生物多様性の価値を国・地方の計画に
　　　　統合，国家勘定・報告制度に組込
目標3：有害な補助金の廃止・改革，正の奨励
　　　　措置の策定・適用
目標4：持続可能な生産・消費計画の実施

戦略目標B. 直接的な圧力の減少，持続可能な利用の促進

目標5：森林を含む自然生息地の損失を半減→
　　　　ゼロへ，劣化・分断を顕著に減少
目標6：水産資源が持続的に漁獲
目標7：農業・養殖業・林業を持続可能に管理
目標8：汚染を有害でない水準に
目標9：侵略的外来種の制御・根絶
目標10：脆弱な生態系への悪影響の最小化

戦略目標C. 生態系，種及び遺伝子の多様性を守り生物多様性の状況を改善

目標11：陸域の17％，海域の10％を
　　　　　保護地域等へ
目標12：絶滅危惧種の絶滅・減少を防止
目標13：作物・家畜の遺伝子の多様性の
　　　　　維持・損失の最小化

戦略目標D. 生物多様性及び生態系サービスからの恩恵の強化

目標14：自然の恵みの提供・回復・保全
目標15：劣化した生態系の15％以上の回復
　　　　　を通じ気候変動緩和・適応に貢献
目標16：ABSに関する名古屋議定書の施行・
　　　　　運用

戦略目標E. 参加型計画立案，知識管理と能力開発を通じて実施を強化

目標17：国家戦略の策定・実施
目標18：伝統的知識の尊重・主流化
目標19：関連知識・科学技術の改善
目標20：資金資源を顕著に増加

図 6.2　愛知目標の概要（環境省，2011 をもとに作成）

ルに置かれている．

条約の実施

　生物多様性条約の締約国は，生物多様性の保全及び持続可能な利用のための措置を講じることとされている．また，これまでの締約国会議において，生物多様性の保全に関する目標が定められ，本目標の達成のために，様々な措置が行われている．2010 年 10 月に愛知県名古屋市で開催された COP10では，「生物多様性戦略計画 2011-2020」（愛知目標）が採択された．

　「生物多様性戦略計画 2011-2020」（愛知目標）は，2050 年までの長期目標（ビジョン）として，「2050 年までに，生物多様性が評価され，保全され，回復され，そして賢明に利用され，それによって生態系サービスが保持され，健全な地球が維持され，全ての人々に不可欠な恩恵が与えられる」世界を目指すことを掲げた．そして，2020 年までの短期目標（ミッション）として，「生物多様性の損失を止めるための効果的かつ緊急の行動を実施する」こととし，これを達成するための愛知目標（5 つの戦略目標と 20 の個別目標）

を設定した（図 6.2 参照）.

　IPBES による地球規模の評価報告書（2019）では，愛知目標について，自然の保全と持続可能な管理のための政策の実施や行動は前進しており，行動を起こさなかった場合のシナリオに比べると成果は出ているが，自然の悪化を引き起こす直接・間接の要因を食い止めるには足りず，目標のほとんどを達成できない可能性が高いとしている．また，愛知目標のうち，陸域と海洋の保護区面積，侵略的外来種の特定と優先度の設定，生物多様性国家戦略・行動計画ならびに生物多様性条約の遺伝資源の取得の機会及びその利用から生ずる利益の公正かつ衡平な配分に関する名古屋議定書といった政策対応に関するものを含むいくつかの目標は，部分的に達成される見込みとしている．

　「愛知目標」の目標年は 2020 年であることから，同年に中国で開催される COP15 においては，これまでの取組が総括されるとともに，2020 年以降の新たな枠組み（ポスト 2020 目標）の合意に向けた議論が予定されており，本枠組みの策定に向けた国際交渉が注目されている．

SATOYAMA イニシアティブ

　「SATOYAMA イニシアティブ」は日本発のイニシアティブであり，元々は自然共生型社会の実現を打ち出した「21 世紀環境立国戦略」（2007 年閣議決定）において提唱された．「SATOYAMA イニシアティブ」は，農林漁業などの営みを通じて自然資源が持続的に利用され，人々が豊かな自然の恵みを享受してきた，日本の里山・里海のような地域の保全と再生を通じ，自然共生社会の実現を目指す取組である．里山保全と生物多様性の関係について，例えば平成 22 年版環境・循環型社会・生物多様性白書（環境省，2010）では，里山で行われる管理方法の一つである森林の間伐が昆虫の種数と個体数を増加させて森林の生物多様性を高めたことを紹介している．この提案は，学術的にも「社会生態学的生産ランドスケープ・シースケープ」（Socio-Ecological Production Landscapes and Seascapes; SEPLS）として前向きに評価された．SATOYAMA と同様のアプローチは世界各地に存在し，生物多様性の保全や人々の暮らし，福利の向上に大きな役割を果たしていることから，国際社会において広く受け入れられることとなった．

　「SATOYAMA イニシアティブ国際パートナーシップ（International

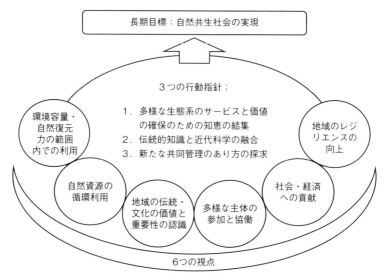

図6.3　SATOYAMA イニシアティブの概念図（IPSI 事務局，2018）

Partnership for the Satoyama Initiative; IPSI）」は，SATOYAMA イニシア
ティブの考え方に賛同し，SEPLS の維持や再構築に取り組んでいる団体で
構成される世界的ネットワークである．日本の環境省及び国連大学で準備が
進められ，COP10 の機会に IPSI が正式発足した．メンバーは，長期目標，
行動指針及び実践的視点の重要性を共有しつつ（図 6.3 参照），多種多様な
活動を展開しており，IPSI 事務局（国連大学サステイナビリティ高等研究
所）は，メンバー間の情報共有や意見交換の場を提供している．現在，IPSI
には，国・地方公共団体，NGO・市民団体，先住民団体・地域コミュニテ
ィ団体，学術・教育・研究機関，産業・民間団体，国連機関など，様々な団
体が加入しており，メンバーの数は設立当初の 51 団体から 258 団体（2019
年 12 月現在）まで増加している．

　愛知目標の目標 11 では，「2020 年までに，少なくとも陸域及び内陸水域
の 17%，また沿岸域及び海域の 10%，特に，生物多様性と生態系サービス
に特別に重要な地域が，効果的，衡平に管理され，かつ生態学的に代表的な
良く連結された保護地域システムやその他の効果的な地域をベースとする手
段を通じて保全され，また，より広域の陸上景観や海洋景観に統合される」
こととしている．このうち，「その他の効果的な地域をベースとする手段」

（Other Effective area-based Conservation Measures; OECM）については，2010年のCOP10の時点ではその定義が定まっていなかったが，2018年11月にエジプトのシャルムエルシェイクで開催されたCOP14において，OECMの定義を「保護地域以外の地理的に画定された地域で，付随する生態系の機能とサービス，適切な場合，文化的・精神的・社会経済的・その他地域関連の価値とともに，生物多様性の域内保全にとって肯定的な長期の成果を継続的に達成する方法で統治・管理されているもの」とすることが合意された．SATOYAMAイニシアティブには，保護地域，OECMを含む，地域ベースの生物多様性保全への貢献が期待されている．

コラム　生物多様性条約第10回締約国会議（COP10）

　2010年10月，愛知県名古屋市に全世界から180の締約国や関係国際機関，NGOからのオブザーバーなど1万3000人以上の参加者が集まり，「いのちの共生を未来に」をテーマに，生物多様性条約第10回締約国会議（COP10）が開催された．

　COP10では，生物多様性に関する2011年以降の新たな世界目標である「生物多様性戦略計画2011-2020」（愛知目標），遺伝資源のアクセスと利益配分に関する「名古屋議定書」及び「バイオセーフティに関するカルタヘナ議定書の責任及び救済に関する名古屋・クアラルンプール補足議定書」が採択された．また，COP10の開催期間において，「SATOYAMAイニシアティブ国際パートナーシップ」が設立された．

---

(2) カルタヘナ議定書

　「生物の多様性に関する条約のバイオセーフティに関するカルタヘナ議定書」（カルタヘナ議定書，コロンビアのカルタヘナで開催された特別会合にちなむ）は，遺伝子組換え生物等（現代のバイオテクノロジーにより改変された生物）が生物の多様性の保全及び持続可能な利用に及ぼす可能性のある悪影響を防止するための措置を規定しており，生物多様性条約第19条3に基づく交渉において作成されたものである．本議定書は，2000年1月の生物多様性条約特別締約国会議再開会合において採択され，2003年9月に発効した．日本は，同年11月に本議定書を締結し発効は2004年2月となった．

◆目的 ・遺伝資源の利用から生じた利益を公正かつ衡平に配分 ・生物多様性の保全と持続可能な利用に貢献 ◆遺伝資源の利用 ・バイオ・テクノロジーの適用を含む，遺伝資源の遺伝的，生物化学的な構成に係る研究開発の実施 ◆範囲 ・生物多様性条約の範囲の遺伝資源 ・生物多様性条約の範囲の伝統的知識 ・それらの利用により生じる利益 ◆公正かつ衡平な利益配分 ・相互合意条件（契約）に基づき当事者間で公正かつ衡平に配分 ◆取得の機会（アクセス） ・各締約国は，ABSに係る要求の法的確実性，明確性，透明性を確保	◆特別の考慮 ・非商業目的の研究 ・緊急事態における特別の対応 ◆利益配分のための多国間メカニズム ・国境をまたぐ遺伝資源の場合又は事前同意を得ることができない場合に，公正かつ衡平な利益配分を実現するための多国間メカニズムの必要性を検討 ◆ABSに係る国内法又は規制に関する遵守 ・自国内で利用される遺伝資源が，他国のABS国内法・規制に従って遺伝資源が利用されるよう適切な措置をとる ◆遺伝資源の利用の状況の把握 ・各締約国は，遺伝資源の利用に関する監視のために一つ以上のチェックポイントを指定 ・チェックポイントは，研究，開発，商品化などの各段階で情報収集する機能を持つ
ポイント	①遡及適用を認める条項を規定しない ②遵守を支援するためのチェックポイントを指定（指定先は各国に裁量） ③派生物を利益配分の直接の対象とすることを義務とせず，当事者間の合意に委ねる

図6.4　名古屋議定書の概要（環境省，2011）

　「バイオセーフティに関するカルタヘナ議定書の責任及び救済に関する名古屋・クアラルンプール補足議定書」（名古屋・クアラルンプール補足議定書）は，遺伝子組換え生物等の国境を越える移動から生ずる損害についての責任及び救済に関する国際的な規則及び手続を定めたものである．本補足議定書は，COP10で採択され，2018年3月に発効した．日本は，2017年12月に本議定書を締結した．

(3)　名古屋議定書

　「生物の多様性に関する条約の遺伝資源の取得の機会及びその利用から生ずる利益の公正かつ衡平な配分に関する名古屋議定書」（名古屋議定書）は，遺伝資源の取得の機会及びその利用から生ずる利益の公正かつ衡平な配分がなされるよう，遺伝資源の提供国及び利用国がとる措置等について定めるものである．遺伝資源へのアクセスと利益配分（Access and Benefit Sharing）は，その頭文字をとってABSと呼ばれることが多い．名古屋議定書の概要について，図6.4に示す．本議定書は，COP10で採択され，2014年10月に発効した．日本は，2017年5月に本議定書を締結し発効は同年8月となった．

(4) 生物多様性に関連する条約

　生物多様性に関連する国際条約として，ワシントン条約，ラムサール条約，世界遺産条約について解説する．

　「絶滅のおそれのある野生動植物の種の国際取引に関する条約」（ワシントン条約）は，野生動植物の国際取引の規制を輸出国と輸入国とが協力して実施することにより，絶滅のおそれのある野生動植物の保護を図ることを目的としている．本条約は，1973 年 3 月に採択され，1975 年 7 月に発効した．事務局は，スイスのジュネーブにある．

　「特に水鳥の生息地として国際的に重要な湿地に関する条約」（ラムサール条約）は，水鳥の生息地のみならず，人工の湿地や地下水系，浅海域なども含む幅広い湿地を対象として，その保全及び適正な利用を図ろうとするものである．1971 年 2 月，イランのラムサール（カスピ海沿岸の町）で開催された「湿地及び水鳥の保全のための国際会議」において，本条約が採択され，1975 年 12 月に発効した．国際自然保護連合（IUCN）が事務局の任務を行っている．本条約の締約国は，自国の湿地を条約で定められた国際的な基準に従って指定し，条約事務局が管理する「国際的に重要な湿地に係る登録簿」に掲載する．これを「ラムサール条約湿地」と呼んでいる．

　「世界の文化遺産及び自然遺産の保護に関する条約」（世界遺産条約）は，文化遺産及び自然遺産を人類全体のための世界の遺産として損傷，破壊等の脅威から保護し，保存するための国際的な協力及び援助の体制を確立することを目的としている．1972 年 11 月のユネスコ総会において採択され，1975 年 12 月に発効した．ユネスコ事務局世界遺産センター（パリ）が事務局の任務を行っている．

コラム　国際自然保護連合（IUCN）

　国際自然保護連合（International Union for Conservation of Nature; IUCN）は，自然及び天然資源の保全に関わる国家，政府機関，国内及び国際的非政府機関の連合体として，全地球的な野生生物の保護，自然環境・天然資源の保全の分野で専門家による調査研究を行い，関係各方面への勧告・助言，開発途上地域に対する支援等を実施している．1948 年に設立され，

本部はスイスのグランにある.

6.3　国内の政策

　生物多様性の保全及び持続可能な利用に関しては，生物多様性基本法及び
同法に基づく生物多様性国家戦略を基軸として，各種政策が展開されてきて
いる．一方，日本の自然環境保全に関する政策の系譜は明治時代に発足した
公園制度にさかのぼるとともに，自然公園法や自然環境保全法など広範囲に
わたる政策が展開されてきており，生物多様性に関する政策もこうした自然
環境保全行政の長い歴史の中で培われた政策経験が礎となっている．このよ
うな観点から，幅広い法体系をできるだけ整理しつつ，国内政策を論ずるこ
とを試みたが，更なる詳細については，武内・渡辺（2014）の著書などを参
考にされたい．

(1)　生物多様性基本法

　「生物多様性基本法」は，生物多様性の保全と持続可能な利用に関する施
策を総合的・計画的に推進することで，豊かな生物多様性を保全し，その恵
みを将来にわたり享受できる自然と共生する社会を実現することを目的とし
ている．2008年5月に成立し，同年6月に施行された．本基本法では，生
物多様性の保全と利用に関する基本原則，生物多様性国家戦略の策定，白書
の作成，国が講ずべき基本的施策など，日本の生物多様性施策を進める上で
の基本的な考え方が示されている．また，国だけでなく，地方公共団体，事
業者，国民・民間団体の責務，都道府県及び市町村による生物多様性地域戦
略の策定の努力義務などが規定されている．

(2)　生物多様性国家戦略

　「生物多様性国家戦略」は，生物多様性条約及び生物多様性基本法に基づ
く，生物多様性の保全及び持続可能な利用に関する国の基本的な計画である．
生物多様性国家戦略はこれまで五次にわたって策定され，最新の「生物多様
性国家戦略2012-2020」は，COP10で採択された「愛知目標」の達成に向

けた日本のロードマップを示すとともに，東日本大震災を踏まえた今後の自然共生社会のあり方を示すため，2012 年 9 月に閣議決定された．本戦略のポイントは次のとおり．

① 「愛知目標」の達成に向けた日本のロードマップを提示

　　　「愛知目標」の達成に向けた日本のロードマップとして，年次目標を含めた日本の国別目標（13 目標）とその達成に向けた主要行動目標（48 目標）を設定するとともに，国別目標の達成状況を測るための指標（81 指標）を設定している．

② 2020 年度までに重点的に取り組むべき施策の方向性として「5 つの基本戦略」を設定

　　　本国家戦略は，1）生物多様性を社会に浸透させる，2）地域における人と自然の関係を見直し・再構築する，3）森・里・川・海のつながりを確保する，4）地球規模の視野を持って行動する，及び 5）科学的基盤を強化し政策に結び付ける，を 5 つの基本戦略として設定している．

③ 今後 5 年間の政府の行動計画として約 700 の具体的施策を記載

　　　「愛知目標の達成に向けたロードマップ」の実現に向け，今後 5 年間の行動計画として，約 700 の具体的施策を記載し，50 の数値目標を設定している．

(3) 保護地域の指定・管理

国立公園の指定・管理

「国立公園法」は 1931 年に制定されたが，1957 年にこれを全面改正して「自然公園法」が制定された．2009 年の法改正の際には，「生物の多様性の確保に寄与する」ことが法目的に追加されている．

国立公園は，日本を代表する自然の風景地であり，国が指定し，国が直接管理を行っている．2019 年 3 月現在，34 ヵ所が指定されている（環境省，2019a）．これに対し，国定公園は，国立公園に準ずる自然の風景地であり，都道府県の申出により国が指定して，管理は都道府県が行っている．都道府県立自然公園は，都道府県が条例で指定し，管理している．

米国，カナダ，オーストラリアなどの国立公園は，土地を所有して指定す

る方式（「営造物制」と呼ばれる）を採用しているのに対し，日本の国立公園は，韓国，英国などと同様，土地の所有に関係なく指定する方式（「地域制」と呼ばれる）を採用している．このため，土地所有関係者との間において，国立公園の保護と利用の調整が必要となっている．

　2016年3月に日本政府が取りまとめた新たな観光戦略である「明日の日本を支える観光ビジョン」において，外国人を日本に誘致するための方策の一つとして国立公園が取り上げられたことを契機として，「国立公園満喫プロジェクト」が開始された．本プロジェクトでは，日本の国立公園を世界水準の「ナショナルパーク」とし，2015年に490万人であった訪日外国人の国立公園利用者を1000万人にするという目標を掲げて，8つの国立公園で「ステップアップ・プログラム2020」を策定し，先行的，集中的に取組が進められている．

自然環境保全地域の指定・管理

　1972年に「自然環境保全法」が制定され，1973年に「自然環境保全基本方針」が策定された．ほとんど人の手の加わっていない原生の状態が保たれている地域や優れた自然環境を維持している地域として，2019年3月現在，5ヵ所の「原生自然環境保全地域」，10ヵ所の「自然環境保全地域」がそれぞれ指定されている（環境省，2019a）．

　また，沖合の海底の自然環境の保全を図るため，2019年4月，海洋保護区（沖合海底自然環境保全地域）制度の措置を講ずることを内容とした，自然環境保全法の改正が行われた．

世界自然遺産の登録

　日本の世界自然遺産は，1993年12月に屋久島及び白神山地，2005年7月に知床，2011年6月に小笠原諸島がそれぞれ登録されている（環境省，2019a）．2019年12月現在，奄美・琉球の登録準備を進めている．世界自然遺産への登録は，当該地域が世界自然遺産の4つの基準（自然美，地形・地質，生態系，生物多様性）のいずれか一つ以上を満たす顕著で普遍的な価値を有することを意味することから，その価値が将来にわたって継承され，自然環境保全のモデルとなることが期待される．

(4) 野生生物の保護

絶滅のおそれのある種の保全

　国内外の絶滅のおそれのある野生生物の種を保存するため，1993年4月に「絶滅のおそれのある野生動植物の種の保存に関する法律」（種の保存法）が施行された．同法では，国内に生息・生育する，又は，外国産の希少な野生生物を保全するために必要な措置を定めている．種の保存法の下，2019年3月現在，9ヵ所の「生息地等保護区」が指定され，種の保存が図られている（環境省，2019a）．

　「レッドリスト」は，絶滅のおそれのある野生生物の種のリストであり，国際的には，国際自然保護連合（IUCN）がとりまとめている他，環境省では，日本に生息・生育する野生生物について，生物学的な観点から個々の種の絶滅の危険度を評価し，とりまとめている．動物については，哺乳類，鳥類，両生類，爬虫類，汽水・淡水魚類，昆虫類，陸・淡水産貝類，その他無脊椎動物の分類群ごとに，植物については，維管束植物，蘚苔類，藻類，地衣類，菌類の分類群ごとに作成しており，おおむね5年ごとに全体的な見直しを行っている．「レッドリスト」に掲載されている種のうち，特に絶滅のおそれのある種については，種の保存法に基づく「国内希少野生動植物種」に指定され，種の保存が図られている．

　環境省が2019年に公表した「レッドリスト2019」（環境省，2019b）では，日本の絶滅危惧種の総数は3676種となっている．そのうち，「絶滅危惧IA類」（ごく近い将来における野生での絶滅の危険性が極めて高いもの）のカテゴリーには，イリオモテヤマネコやジュゴン，コウノトリ，ヤンバルクイナなどが挙げられている．トキは，「野生絶滅」のカテゴリーに挙げられていたが，見直しの結果「絶滅危惧IA類」に変更となった．

　コラム　トキの保護

　　トキは，ペリカン目トキ科の鳥であり，現在，中国，日本，韓国のみに生息する．トキの学名は「*Nipponia Nippon*」であり，しばしば日本を象徴する鳥と称されることもあるが，明治時代に羽毛を取るために乱獲され，激減した．昭和以降は，森林の伐採による繁殖地の減少，農薬の多用によるエサ動物の減少，山間部の水田の消失などが減少した要因とされている．1981

年には，新潟県佐渡島において野生個体が全て捕獲され，人工増殖の取組が開始されたが，2003年に日本の野生生まれのトキは全滅した．

　一方で，中国から提供されたトキによる人工増殖の取組が行われ，2007年には，佐渡島に野生復帰ステーションが完成し，2008年に，同じく佐渡島において野生復帰のための放鳥が開始された．2012年には，野生下では36年ぶりとなるヒナが誕生した．2014年には，地域環境再生ビジョンにおいて野生復帰の目標としていた60羽定着を達成している．

図6.5　トキの写真（写真提供：環境省）

鳥獣の保護管理

　鳥獣の保護管理については，1873年の「鳥獣猟規則」，1892年の「狩猟規則」，1918年の「狩猟法」改正，1963年の「鳥獣保護及狩猟ニ関スル法律」を経て，2002年に「鳥獣の保護及び管理並びに狩猟の適正化に関する法律」（鳥獣保護管理法）が制定された．同法の目的は，「鳥獣の保護及び管理並びに狩猟の適正化を図り，もって生物の多様性の確保，生活環境の保全及び農林水産業の健全な発展に寄与することを通じて，自然環境の恵沢を享受できる国民生活の確保及び地域社会の健全な発展に資すること」とされている．この目的を達成するため，「鳥獣保護管理法」には，鳥獣の保護及び管理を図るための事業の実施や，猟具の使用に係る危険の予防に関する規定などが定められている．鳥獣保護管理法の下，2019年3月現在，86ヵ所の「国指定鳥獣保護区」が指定され，鳥獣の保護が図られている（環境省，

2019a）.

　国指定鳥獣保護区のいくつかは，「ラムサール条約湿地」として登録され
ている. ラムサール条約湿地については，日本はこれまで，水鳥の生息地を
主な対象として登録を行ってきたが，日本を代表する多様なタイプの湿地を
登録するとの方針のもと，サンゴ礁・浅海域，地下水系，アカウミガメの産
卵地，人工の遊水地など，幅広い形態の湿地を条約湿地に登録しており，
2019年3月現在，釧路湿原や琵琶湖，慶良間諸島海域などを含む計52ヵ所
のラムサール条約湿地が登録されている（環境省，2019c）.

外来種対策

　外来種とは，本来の生息・生育地から人によってそれ以外の地域に持ち込
まれた種であり，地域固有の生物相や生息・生育域を脅かす存在である. 外
来種対策を推進するため，2004年5月に，「特定外来生物による生態系等に
係る被害の防止に関する法律」（外来生物法）が制定された. 同法の目的は，
特定外来生物による生態系，人の生命・身体，農林水産業への被害を防止し，
生物の多様性の確保，人の生命・身体の保護，農林水産業の健全な発展に寄
与することを通じて，国民生活の安定向上に資することである.「特定外来
生物」とは，問題を引き起こす海外起源の外来生物として指定されたもので
あり，その飼養，栽培，保管，運搬，輸入といった取扱いを規制し，防除等
を行うこととしている. 2019年3月現在，哺乳類のアライグマや魚類のオ
オクチバス（ブラックバス）など合計148種類が特定外来生物として指定さ
れている（環境省，2019a）.

　近年，人間活動の発展に伴い，人及び物資の移動が活発化し，輸入品に付
着するなどにより，非意図的に国内に侵入する生物が増加している. 2017
年には，兵庫県において，南米原産のヒアリが国内で初めて確認され，その
後，他の地域でも確認された. 環境省では，地元自治体や関係行政機関等と
協力して発見された個体は全て駆除するとともに，リスクの高い港湾におい
てモニタリング調査を実施するなど，ヒアリの定着を阻止するための対策を
実施している.

(5) 自然再生

過去に損なわれた生態系その他の自然環境を取り戻すことを目的とした「自然再生推進法」が，2003 年 1 月より施行されている．同法は，日本の生物多様性の保全にとって重要な役割を担うものであり，地域の多様な主体の参加により，河川，湿原，干潟，藻場，里山，里地，森林，サンゴ礁などの自然環境を保全，再生，創出，又は維持管理することを求めている．

(6) 地方公共団体・事業者の取組

生物多様性基本法において，都道府県及び市町村は生物多様性地域戦略の策定に努めることとされており，2018 年 12 月末時点で 43 都道府県，93 市町村等で策定されている（環境省，2019a）．また，生物多様性の保全や回復，持続可能な利用を進めるには，地域に根付いた現場での活動を自ら実施し，住民や関係団体の活動を支援する地方公共団体の役割が極めて重要であるため，「生物多様性自治体ネットワーク」が設立されており，2019 年 3 月末時点で 167 自治体が参画している（環境省，2019a）．

このほか，経済界を中心とした自発的なプログラムとして，「生物多様性民間参画パートナーシップ」や「企業と生物多様性イニシアティブ」が設立されている．

6.4　今後の課題と展望

世界の生物多様性は，IPBES の地球規模の評価レポートが指摘するように，比類のない速度で損なわれつつあり，今後も途上国における人口増加に伴う開発の影響などを考慮すれば，より悪化した状態が懸念される．こうした傾向に歯止めをかけ生物多様性の保全を図るためには，COP15 で国際社会が実効性のある 2020 年以降の新たな枠組みに合意し，これを実施していくことが最も重要である．

また，生物多様性の保全について，SDGs と関連付けて取組を進めることが，生物多様性を各部門で主流化していくことにつながるものと考えられる．生物多様性に直接関係する SDGs は，ゴール 14（海洋）及びゴール 15（生態系・森林）である．これらの目標を，2020 年以降の新たな枠組みとも関

連づけて，取組を進めていくことにより，持続可能な開発における生物多様性保全を実現することが可能となる．こうした取組は，保護と利用との調整や，生物多様性の気候変動への適応などとも関連する．

　日本国内に目を転じれば，日本の生物多様性については，今後の人口減少及び高齢化により自然に対する働きかけの程度が縮小し，その保全が十分なものでなくなることが懸念される．日本の現状に沿った保全のあり方を検討していく必要があろう．

　最後に，生物多様性について，民間事業者も巻き込んでその保全を図っていくことが望ましい．企業活動による生物多様性への影響を回避・最小化することで，生物多様性の損失防止に大きな効果が期待される．

引用文献

環境省（2002）生物多様性条約の概要．新・生物多様性国家戦略（案）についての報道発表資料（の一部）．http://www.env.go.jp/press/3231.html

環境省（2010）平成22年版環境・循環型社会・生物多様性白書．http://www.env.go.jp/policy/hakusyo/h22/index.html

環境省（2011）平成23年版環境・循環型社会・生物多様性白書．http://www.env.go.jp/policy/hakusyo/h23/index.html

環境省（2014）地球規模生物多様性概況第4版（GBO4）日本語版．http://www.env.go.jp/nature/biodic/gbo4.html

環境省（2019a）令和元年版　環境・循環型社会・生物多様性白書．http://www.env.go.jp/policy/hakusyo/r01/pdf.html

環境省（2019b）環境省レッドリスト2019．http://www.env.go.jp/press/files/jp/110615.pdf

環境省（2019c）ラムサール条約と条約湿地．https://www.env.go.jp/nature/ramsar/conv/2-3.html

生物多様性国家戦略2012-2020（2012）．https://www.biodic.go.jp/biodiversity/about/initiatives/files/2012-2020/01_honbun.pdf

武内和彦・渡辺綱男編（2014）『日本の自然環境政策——自然共生社会をつくる』東京大学出版会，246pp.

守分紀子（2014）生態系サービスを享受する．武内和彦・渡邉綱男編『日本の自然環境政策——自然共生社会をつくる』第5章，東京大学出版会，88-114.

IPBES（Inter-governmental Science-Policy Platform on Biodiversity and Ecosystem Service）（2019）Summary for policymakers of the global assessment report on biodiversity and ecosystem services. https://www.ipbes.net/global-assessment-report-biodiversity-ecosystem-services

IPSI 事務局（2018）『SATOYAMA イニシアティブ国際パートナーシップ（IPSI）自然共生社会の実現に向けて』国連大学サステイナビリティ高等研究所. https://satoyama-initiative.org/wp-content/uploads/2018/10/IPSIbooklet_jp_web.pdf

IUCN（International Union for Conservation of Nature）（2017）The IUCN Red List of Threatened Species. https://www.iucnredlist.org/

Millennium Ecosystem Assessment（2005）Ecosystems and Human Well-being: Synthesis. Island press, Washington, DC. https://www.millenniumassessment.org/documents/document.356.aspx.pdf

Secretariat of the Convention on Biological Diversity（2014）Global Biodiversity Outlook 4（GBO4）. https://www.cbd.int/gbo4/

第 II 部

社会を変える仕組み

第7章　持続可能な開発と SDGs

7.1　持続可能な開発に関する国際議論

　「持続可能な開発」(Sustainable Development) の概念は，1980 年代になって急速に世界全体に広がっていった．この「持続可能な開発」を巡る議論のきっかけとなったのは，1972 年にスウェーデン・ストックホルムにおいて開催された「国連人間環境会議」であったと言える．この会議の成果の一つとして「国連環境計画」(United Nations Environment Programme; UNEP) が創設された．またその後 UNEP の管理理事会特別会合 (1982 年) において日本政府の提唱により「環境と開発に関する世界委員会」が 1984 年に設立されたが，この「世界委員会」において「持続可能な開発」の定義が議論された．こうした「持続可能な開発」に関する国際議論について解説する．

(1) ストックホルム国連人間環境会議 (1972 年)

　ストックホルムにおける「国連人間環境会議」(ストックホルム会議) は，世界各地における環境汚染問題の深刻化を背景として，環境問題に焦点をあてて開催された歴史上はじめての国連会議であった．スウェーデンが本国連会議をホストしたのは，スウェーデン自身，北ヨーロッパ工業地帯からの排煙を原因とする酸性雨の被害に苦しんでおり，環境保全のために国境を越えて各国が協力する必要性を痛感していたという背景があった．

　本国連会議の参加者は，それぞれの立場によって会議に臨む視点が次の 3 つに整理される．

　①地域的・局地的な環境問題を念頭に置き，課題解決に向け各国の協力を

　　目指すという視点

　②環境問題は貧困から生ずる問題であり，その解決のためには開発が不可
　　欠とする視点

　③地球を有限かつ一体のものとしてとらえる「かけがえのない地球」又は
　　「宇宙船地球号」の思想に立った視点

　先進国は上記①及び③の視点から，環境問題への国際的取組の必要性を明
らかにし，そのための枠組み作りを進めようとした．一方途上国においては
上記②の視点から，貧困こそが環境問題の最人の原因であることから開発と
援助を増強していくべきであるとのスタンスを終始貫いた．こうした先進国
と途上国における意見の隔たりがある中で会議が進行したが，結果的には
「ストックホルム人間環境宣言」及び「ストックホルム行動計画」を採択し
て閉幕した．「ストックホルム人間環境宣言」は，人間環境の保全と向上に
関し，共通の信念として，環境に関する権利と義務等をはじめとする26の
項目を宣言している．これら成果文書は，多分に理念的なものであり，先進
国と途上国との考え方の溝を完全に埋めることはできなかったものの，地球
規模の観点から環境問題への対応が検討されたことは，将来の地球環境問題
に対する取組の歴史上大きな第一歩として評価されるべきものといえる（環
境庁，1972）．

　　また国連における環境を担当とする機関として「国連環境計画」
（UNEP）が設立されることが合意された．UNEPの本部は，ケニアの首都
ナイロビに設置されることとなったが，これは，途上国とりわけアフリカ諸
国からの強い要請を受けたものであった．UNEPは，国連システム内での
環境分野の活動の総合的な調整を行うとともに，他の国際機関，各国政府，
非政府機関との幅広い協力を展開している．UNEPの設立（1972年）が契
機となって，多くの国において政府内に環境を担当する政府機関が次々に設
立されたことは，世界の環境政策を推進していく大きな原動力となった（加
藤，2018）．

　　また「ストックホルム会議」が開幕した6月5日を「世界環境の日」とす
ることも決定された（コラム参照）．

コラム　世界環境の日

　「ストックホルム会議」において日本政府とセネガル政府の両代表団より，本会議が開催された6月5日を「世界環境の日」として指定することが提案され，全会一致で決定された．現在毎年各国の持ち回りでこの日を記念した世界行事を開催している．日本は1999年「世界環境の日」の式典をホストしている．各国では，この日を含む1週間を「環境週間」と指定したり，日本のように6月の1ヵ月間を「環境月間」として位置付け，環境に関する啓蒙行事を展開したりする国もある．なお日本では環境基本法で，6月5日を「環境の日」として正式に規定している．

　ストックホルム会議の開催に向け，国連では1969年より経済社会地域委員会を中心に準備作業がはじまったが，こうした流れに連動し，世界中の環境問題に関心を有する市民団体や科学者・専門家グループが様々な形で動き出した．その中でも特に歴史的に顕著な役割を果たしたものとして，1972年にその報告書「成長の限界」を発表したローマクラブが挙げられる（コラム参照）．

コラム　ローマクラブと「成長の限界」

　資源，人口，軍備拡張，経済，環境破壊などの全地球的な問題に対処していくことを目的として，世界各国の有識者約100人から構成された専門家集団（1970年設立）．初回会合がローマで開催されたことから，「ローマクラブ」と呼ばれている．このローマクラブは，その報告書「成長の限界」を1972年に発表し，人口増加が現状のまま進行すれば，資源が枯渇するなど今後100年以内には，人類の成長は限界に達するとの警告を鳴らした．こうした破局を回避するためには，地球が有限であることを理解し，従来型の経済発展のあり方を見直し，世界的な均衡を目指す必要性を唱えた．

(2)　ブルントラント委員会

　ストックホルム会議開催の10周年を記念して開催された「UNEP管理理事会特別会合」（1982年）において，日本政府を代表して出席した原環境庁長官（当時）は，「21世紀の地球環境の理想像を模索し，これを実現するた

めの戦略を検討するための特別委員会の設置」を提唱した．この提案を受けて1983年国連総会は，「環境と開発に関する世界委員会」（World Commission on Environment and Development; WCED）の設立を決議した．この委員会は，委員長を務めたノルウェーの元首相ブルントラント女史（元WHO事務局長）の名前をとって「ブルントラント委員会」（Brundtland Commission）と呼ばれている．

　本委員会は，1984年の発足以来，世界各地において会合を開催し，集中的な議論を重ねた．同時に各会合においては産業界，市民団体，地方公共団体など様々な主体からの意見聴取も行われ，幅広い意見の集約を試みた．ブルントラント委員長は1986年の演説で，「もし我々のために人間及び自然の一部を救おうとするならば，このシステム全体を救わなければならない．これが持続可能な開発の本質である」と主張している．また「持続可能な開発」の4つの柱として①貧困とその原因の排除，②資源の保全と再生，③経済成長から社会発展へ，及び④全ての意思決定における経済と環境の統合，を提示した．同委員会はこれらの会合における検討結果をとりまとめ，1987年に報告書「われら共有の未来」（Our Common Future）を発表した（環境と開発に関する世界委員会，1987）．

　この報告書において「持続可能な開発」は次のように定義されている．

　「持続可能な開発とは，将来の世代が自らの欲求を充足する能力を損なうことなく，今日の世代の欲求を満たすような開発をいう．」

　この報告書では，持続可能な開発の概念から招来される環境と開発の政策にとっての不可欠な課題として，次の諸点が論じられている（竹本，1998）．

　①成長の回復

　　　　持続可能な開発を実現するには，最も基本的な欲求すら満たされない貧困状態の中で生活している膨大な人々の問題に取り組まなければならない．貧困のために，天然資源は無計画に消費され，それが環境にさらに圧力を加える．大部分の貧困地域は途上国にあり，その多くは1980年代に入ってからの経済の低迷によって状態はさらに悪化している．したがって貧困の改善に効果のある最小限の成長率を確保するため，第三世界の成長を回復させることが重要である．

　②成長の質の変更

　持続可能な開発を行うには，成長の内容を変えて省資源，省エネルギー型にするとともに，それによって得られる利益を公平に分配しなければならない．こうした変革は，全ての国が生態学的資本の蓄積を保持し，収入を公平に分配し，経済危機に対する脆さをなくすといった一連の方策の一部である．

③基本的な人間の欲求の満足

　人間の欲求と願望を満たすことは，生産活動の目標であり，持続可能な開発の概念においてもそれが中心的役割を果たしている．最も基本的な欲求は生計を得ること，つまり雇用機会の確保である．また人々の栄養失調状態を解消することも極めて基本的な欲求としている．

④人口の伸びの持続的レベルでの確保

　開発の持続性は，人口増加の動きと密接にかかわっている．しかし問題は単に人口の規模だけではない．資源やエネルギー使用量が多い国に生まれた子供は，少ない国に生まれた子供よりも，地球資源により大きな負荷を与えることになる．（各国）国内においても同じことが言える．しかし生態系の生産能力に見合ったレベルで人口が安定すれば，持続可能な開発はより容易に追求できる．

⑤資源基盤の保護と強化

　地球上の様々な欲求にバランス良く対応していくためには，地球上の天然資源基盤を状況に応じ保護しなければならない．工業国の大量消費レベルを改め，途上国の消費量を増加させて最低限の生活水準を保ち，予想される人口増加に対処することが必要である．

⑥技術の方向転換

　持続可能な開発に向け，技術の方向転換が必要である．まず途上国の技術革新能力を格段に高めれば，これによって途上国は持続可能な開発に向け，より効果的な挑戦を行うことができよう．さらに環境的要素に配慮した技術開発に方向を変えることが重要である．

⑦環境と経済を考慮に入れた意思決定

　持続可能な開発のための戦略を通しての共通のテーマは，経済と環境を考慮に入れた意思決定の必要性である．この2つを統合するためには，あらゆるレベルでの取組と目的を改め，制度的な枠組みを変更

することが必要である.

　以上要約した論点はいずれも, 今日的にも極めて示唆に富む内容を有しており, 「持続可能な開発目標」(Sustainable Development Goals; SDGs) の精神に根付いてきている点に注目する価値がある.

(3) 持続可能でない開発の事例

　ここでは, 「持続可能な開発」の概念をよりわかりやすい形での理解を深めるため, 「持続可能でない開発」の事例について, 消滅の危機に瀕する中央アジアのアラル海のケースを例にとって解説する.

　アラル海は, 中央アジアのウズベキスタンとカザフスタンの国境をまたぐ地域に位置し, 1960 年代当初までは, 世界第 4 位の湖水面積 (琵琶湖の約100 倍) を誇る湖であった. アラル海は, ウズベキスタンを流れるアムダリア川とカザフスタンを流れるシルダリア川が流れ込んでおり, 1960 年頃までは, 塩分濃度 1% 程度の塩水湖で, サケ, チョウザメなどの水産資源にも恵まれ, 近隣の住民は漁業で生活を営んでいた. しかしこの一帯を統治していたソビエト連邦 (当時) は, アラル海の周辺地域で大規模な綿花を栽培するとの国家計画の下, 綿花栽培に必要な大量の灌漑用水の水源をアラル海に注ぎ込む 2 つの川に求めた. そのため現地では, 農業灌漑用の水源として活用すべく大規模な運河開発が展開された. その結果 1960 年代に入り, アラル海に流れ込む水量が極端に少なくなり, 1970 年代には年平均 60 cm というペースで水面が低下, 塩分濃度も 2000 年代に入り海水濃度の 2 倍以上に達し, 魚介類の生息できる環境が失われた.

　アラル海の湖水面の縮小は, 水産資源を枯渇に追い込むだけではなく, 干上がった湖底に蓄積されていた塩類が微小粒子を形成し, これらを吸い込んだ周辺住民の間では, 呼吸器系の疾患が蔓延し, 地域住民に甚大な健康被害を及ぼす結果となった. 湖面の衰退状況は, 図 7.1 に示すとおりであり, 年々湖水面積が急激に減退し, 2010 年の衛星写真では, ほぼ湖としての原形をとどめることすらできない状況となっている (NASA, 2012). 現在カザフスタン政府はアラル海の回復を図るべく水流を調整する堤防を建設するなど努力しているものの, 一度失われた湖沼は元に戻ることは困難な状態に達しており, 「持続可能でない開発」の典型事例となってしまった.

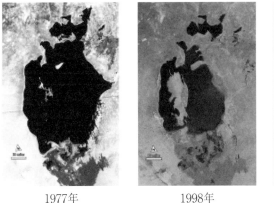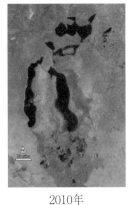

| 1977年 | 1998年 | 2010年 |

図 7.1　アラル海の現状（NASA Website, July 23, 2012）
旧ソ連邦体制下において綿花の大量生産のため，アラル海に流入する河川から過剰
な灌漑導水事業を展開した結果，湖沼面積が急減し，塩水化.

　上記の事例を踏まえて改めて「持続可能な開発」の定義を解釈すると「持続可能でない開発を招かないように環境・社会を守り，節度ある経済活動の実現により，大切な地球を未来世代に引き継ぐためのあらゆる行動の総体」と整理することができる.

7.2　SDGs 策定までの経緯と主要な議論

　「ストックホルム会議」から 2015 年の国連総会における「持続可能な開発目標」（SDGs）が採択されるまで 40 年以上の年月を経たが，その間「持続可能な開発」を巡り，国際議論が繰り広げられてきた（図 7.2 参照）. その節目において開催された主要な国連会議に焦点をあて，それら国際議論の展開を解説する.

(1)　地球サミット（リオ・サミット）（1992 年）
　1980 年代後半からの地球環境問題の顕在化を背景として，1989 年秋の国連総会は，「環境と開発に関する国連会議」（United Nations Conference on Environment and Development; UNCED，通称「リオ・サミット」または「地球サミット」）を 1992 年 6 月にブラジル・リオデジャネイロで開催する

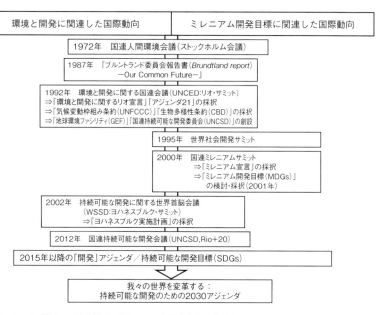

図7.2 SDGs 策定に至る経緯（蟹江らの資料をもとに作成）

ことを決定した．このリオ・サミットは，ストックホルム会議後20周年を記念し，地球環境問題への関心の高まりを背景にその対策の国際的枠組み作りを目指すとともに，持続可能な開発という考え方の下に途上国の環境と開発の問題の解決を図ることを目的として開催された．

「リオ・サミット」は，地球環境への関心の高まりと途上国の開発援助拡大への要望を「持続可能な開発」という概念で統合し，両者の期待を満足させうるウィン・ウィン戦略として「アジェンダ21」が採択された（松下，2003）．このアジェンダ21は，21世紀に向けた持続可能な開発を実現していくための世界の行動計画と位置付けられるものである．全部で40章から構成されており，貧困の撲滅，消費と生産形態の変革から大気，海洋，淡水資源の保全・管理，森林減少対策などの個別分野に加え，技術移転や教育・意識啓発，研究協力など幅広い分野をカバーしている．とりわけ途上国の立場からは貧困の撲滅と生活水準の格差是正の観点からも先進国に対する政府開発援助（ODA）による途上国への資金援助や技術移転などが強調された（加藤，1998）．

　このアジェンダ 21 の立案にあたっては，各国の有識者を集めた専門家会合などが開催されたが，とりわけ資金に関する分野については，その準備が難航を極めた．リオ・サミットの事務局長を務めていたモーリス・ストロング氏からの要請に応え，日本は，各国の専門家を招聘し専門家会合（いわゆる賢人会議）をホストしたが，この会議における議論は最終的なアジェンダ 21 における資金に関する合意文書の作成に大きな役割を果たした．

　またリオ・サミットにおいては，「環境と開発に関するリオ宣言」が採択された．このリオ宣言の中に先進国と途上国の責任を定めた「共通だが差異のある責任」原則（第 7 原則）や予防的な取組方法（第 15 原則）が盛り込まれた．

　さらに気候変動枠組条約及び生物多様性条約がリオ・サミット直前に採択され，リオ・サミットにおいてこれら 2 つの条約が各国の署名のために公開され，150 ヵ国の署名が得られたことは，リオ・サミットが持続可能な開発の実現に向け大きな一歩を記す象徴的な場となったことを世界に発信した．

　加えて，アジェンダ 21 の実施状況を点検するため，持続可能な開発委員会（Commission on Sustainable Development; CSD）が国連経済社会理事会の機能委員会として設立された．

　日本においては，リオ・サミットの成果をも踏まえ，それまでの公害対策基本法と自然環境保全法を統合し，新たに「環境基本法」の制定に向けた機運が一気に高まり，翌 1993 年同法が制定されたが，これにより日本における環境問題を統合的にとらえた法制度体系の基礎が築かれることとなった．

(2) ミレニアム・サミット（2000 年）

　2000 年 9 月にニューヨークで開催された「国連ミレニアム・サミット」は，参加国が 2015 年までに世界の最貧国の人々がより良い生活を営むことができるよう支援することを目指し，「ミレニアム宣言」を承認した．

　この宣言は，7 つのテーマ（①平和・安全及び軍縮，②開発及び貧困撲滅，③共有の環境の保護，④人権，民主主義及び良い統治，⑤弱者の保護，⑥アフリカの特別なニーズへの対応，⑦国連の強化）に関して国際社会が連携，協調して取り組むことを合意したものである．この「ミレニアム宣言」と 1990 年代に開催された主要な国際会議で採択された国際開発目標を統合し，

表7.1 ミレニアム開発目標（2001-2015年）（国連広報センター資料より作成）

	ゴール	概要
1	極度の貧困と飢餓の撲滅	1990年から2015年までの期間に1日1ドル未満（その後1日1.25ドルに修正された）の所得で生活する人口の割合及び飢餓に苦しむ人口の割合を半減させる．女性，若者を含む全ての人々に，完全かつ生産的な雇用，そしてディーセント・ワークの提供を実現する．
2	初等教育の完全普及の達成	2015年までに，世界中の全ての子供が男女の区別もなく初等教育の全課程を修了できるようにする．
3	ジェンダー平等の推進と女性の地位向上	可能な限り2005年までに，初等・中等教育における男女性差を解消し，2015年までに全ての教育レベルにおける男女格差を解消する．
4	児童死亡率の削減	1990年から2015年までの期間に5歳未満児の死亡率を3分の1に削減する．
5	妊産婦の健康の改善	1990年から2015年までの期間に妊産婦の死亡率を4分の1に削減する．2015年までにリプロダクティブ・ヘルスへの普遍的アクセスを実現する．
6	HIV/エイズ，マラリア，その他の疾病のまん延の防止	HIV/エイズのまん延を2015年までに食い止め，その後減少させる．2010年までにHIV/エイズの治療への普遍的アクセスを実現する．マラリア及びその他の主要な疾病の発生を2015年までに食い止め，その後発生率を減少させる．
7	環境の持続可能性を確保	持続可能な開発の原則を国家政策及びプログラムに反映させ，環境資源の損失を阻止し，回復を図る．生物多様性の損失を2010年までに確実に減少させ，その後も継続的に減少させる．2015年までに，安全な飲料水及び衛生施設を継続的に使用できない人々の割合を半減する．2020年までに，少なくとも1億人のスラム居住者の生活を改善する．
8	開発のためのグローバルなパートナーシップの推進	さらに開放的で，ルールに基づく，予測可能でかつ差別的でない貿易及び金融システムを構築する．後発開発途上国，内陸開発途上国，小島しょ開発途上国の特別のニーズに対処する．開発途上国の債務問題に取り組む．製薬会社と協力して，開発途上国において人々が安価で必要不可欠な医薬品を入手できるようにする．民間部門と協力して，特に情報・通信における新技術による利益が得られるようにする．

共通の枠組みとして「ミレニアム開発目標」(Millennium Development Goals; MDGs) が取りまとめられた（表 7.1 参照）.

　MDGs は，国連開発システムを中心とする専門家が中心になって取りまとめられ，もっぱら途上国における目標を提示するとともに，先進国及び国連開発システムがその達成に向け支援するという構造であった．また MDGs は，①ゴール，②ターゲット，③指標という 3 つの要素から構成されているが，この 3 層構造は，SDGs の策定に反映されている.

(3) ヨハネスブルグ・サミット（2002 年）

　1992 年のリオ・サミットからちょうど 10 年後の 2002 年に国連主催の「持続可能な開発に関する世界首脳会議」(World Summit on Sustainable Development; WSSD) が南アフリカのヨハネスブルグにて開催された（「ヨハネスブルグ・サミット」）．この国連会議は，アジェンダ 21 の実施状況を包括的にレビューし，地球環境の現状点検を行うとともに，地球社会を持続可能なものにするための大きな方向転換を図ることに合意することを目的として開催された.

　この会議においては，アジェンダ 21 をさらに促進していくための新たな取組として，貧困の撲滅，持続可能な生産や消費のあり方，エネルギー問題，水や天然資源の保全と管理，森林保護，生物多様性の保全，砂漠化防止などの分野において新たなコミットメントを確保すべく次の 3 つの成果文書を採択した（環境省，2003）.

　①政治宣言

　　　政治宣言は，持続可能な開発の実現に向けた各国首脳の決意を示す文書であり，世界が直面する環境，貧困などの課題を述べた上で，清浄な水，衛生，エネルギー，食糧などへのアクセスの改善，国際的に同意されたレベルの ODA 達成に向けた努力，ガバナンスの強化等の約束とその実行を強調している.

　②実施計画

　　　「アジェンダ 21」の実施を促進するための取組についての合意文書として「ヨハネスブルグ・サミット実施計画」が合意された．実施計画は，アジェンダ 21 を確実に実施していくため，環境・経済・社会

の統合に関する原則と具体的に行動していくための取組を盛り込んでいる.

③約束文書（タイプ2プロジェクト）

持続可能な開発実現のため，各国，各界関係主体が進めるイニシアティブの提案や決意表明を記載した「約束文書」が本会議の成果文書の1つとして採択された．この「約束文書」は，各国や関係主体が自主的に，また特にパートナーシップを形成し実行する取組を宣言し，文書として表明，世界に向けて約束するというこれまでに例のないものである．この文書は各国の交渉によるものでないことから，ともすれば妥協の産物としての一般的かつ抽象的な文言に終始しがちな国際会議の成果文書と比較し，それぞれが創意工夫した具体的な取組にコミットした形となっている．こうしたユニークな成果文書の特徴を反映し，これまでの交渉された文書（仮に「タイプ1」）とは異なる意味で「タイプ2プロジェクト」と称されている.

(4) リオ +20（2012年）とSDGs策定への道のり

2012年6月「国連持続可能な開発会議」(United Nations Conference on Sustainable Development)（リオ +20）は，リオ・サミット（1992年）の20周年に合わせてリオデジャネイロで開催された．1992年以降の20年間，貧困の削減には前進が見られ，極度の貧困の中で暮らす人々が世界人口に占める割合も，1992年の46%から2005年には27%へと低下した．しかし世界の重要な環境システムは，気温の上昇，干ばつや洪水の頻発，深刻化といった形で未曽有の変化を遂げる一方で，この変化のスピードや規模を緩和するための取組は十分な成果を挙げずに推移していた.

この「リオ +20」には，100ヵ国を超える政府から首脳レベルの参加があり，加えて487人の閣僚も会議に出席した．会議参加者の総数は3万人にのぼり，国連が主催した中でも最大規模の会議となった．この会議は持続可能な開発，すなわち豊かさと福祉，環境保護を全面的に統合する開発の実現に向けた新時代の幕開けを告げるものであり，会議は，世界が持続可能性の問題に焦点を絞り解決策を作り上げる貴重な機会となった.

実際「リオ +20」からは，いくつかの成果が生まれた．各国は，持続可能

な開発に向けた決意を新たにし，地球のために，そして現在と将来の世代の
ために，経済的，社会的，環境的に持続可能な未来の実現に向けて歩みを進
めることを約束した．各国はまた，1992 年「リオ・サミット」とそれ以降
の持続可能な開発に関する数多くの会議で定められた諸原則も再確認した．

　全会一致で採択した成果文書「我々が求める未来」（Future We Want）
は，持続可能な開発に関する国際協力の今後の方向性を定めるものとなって
いる（United Nations, 2012）．「我々が求める未来」に盛り込まれた主要な合
意事項は次の通り．

　①グリーン・エコノミー

　　　　グリーン・エコノミー政策をいかにして持続可能な開発を推進する
　　　ツールとすることができるかに関する文書が合意された．ここでは全
　　　ての国が経済をグリーン化する方法を学びつつあり，経験や教訓の共
　　　有によって相互学習が進んでいることが指摘されている．

　②持続可能性に向けた制度的取組

　　　　各国は，持続可能な開発に向けた国際的行動の支援体制を強化する
　　　ため，次の 2 つの措置に合意した．すなわち①グローバルなレベルで
　　　の意思決定を促進する新たな機関の設置，及び②国連が環境問題を監
　　　視，評価し，これに取り組む能力を強化するものである．

　上記①について各国は，CSD に代わる枠組みとして「持続可能な開発に
関するハイレベル政治フォーラム」（High-level Political Forum on Sustain-
able Development; HLPF）の設置に合意した．全世界の政府と市民社会か
らハイレベルの政策決定者が参加し，持続可能な開発の社会的，経済的，環
境的側面の統合の最も良いあり方について話し合うものである．また上記②
については，国連環境計画（UNEP）を全加盟国が参加する機関とし，その
財務基盤を強化することにより，大幅な拡充を図ることにも合意した．

　③持続可能な開発目標（SDGs）の策定

　　　　「ミレニアム開発目標」（MDGs）が，途上国における開発課題に焦
　　　点を当て貧困と人間開発の問題への取組を活性化する上で大きな成功
　　　を収めたとの認識に立ち，各国は新たに「アクション志向で簡潔，分
　　　かりやすくかつグローバルな性質を有し，全ての国々に普遍的に適用
　　　できる持続可能な開発目標を設定」する必要性について合意した．こ

れら目標は,「持続可能な開発目標」(SDGs)と呼ばれ,持続可能な開発にとって優先的な領域を中心に,今後3年間のうちに策定することが合意された(蟹江, 2015).

SDGs の策定に向けた枠組みについては次のとおり合意された.

- 2015 年までに結論を得ること
- 2030 年を目標年とすること
- 持続可能な開発の3つの次元(環境,社会,経済)を統合的にバランスよくまとめたものとすること
- 「ミレニアム開発目標」(MDGs)を補完,補足していくこと
- 政府間交渉プロセスとして,公開作業部会(Open Working Group: OWG)を立ち上げること

(5) 持続可能な開発を推進する国際機関・枠組み

これまで述べてきた国際議論を踏まえ,持続可能な開発の実現に向けて取組を推進するため様々な国際機関や枠組みが設立され,国際社会をけん引してきた.これら主要な国際機関及び国際的枠組みについて以下に解説する.

国連環境計画(UNEP)

国連環境計画(UNEP)は,国連人間環境会議を契機に,既存の国連システム内の諸機関等の環境保全分野での活動を促進することを目的として1972 年に創設され,国連システム内での環境分野の活動の総合的な調整のほかその他の国際機関,各国政府,非政府機関とも幅広い協力を行っている.

また UNEP は,各国の政府と国民が将来世代の生活の質を損なうことなく自らの生活の質を改善できるように,環境の保全に指導的役割を果たし,かつパートナーシップを奨励するとともに,地球規模の環境課題を設定し,国連システム内にあって持続可能な開発の取組の中で環境に関連した活動を進め,グローバルな環境保全の権威ある唱道者となることをその使命としている.

さらに UNEP は,以下の6つの優先課題に焦点をあてて,活動を展開している.

- 気候変動:国家の開発プロセスに気候変動の対応を組み込めるように,

　　特に開発途上国の能力を強化する

- 生態系管理：各国が保存と持続可能な利用をもたらすような方法で土地，水，生物資源を総合的に管理できるようにする
- 環境管理：国，地域，グローバルレベルでの環境管理と連携を強化し，環境上の優先課題に対応できるようにする
- 有害物質と危険廃棄物：環境と人々に対する影響を最小限にする
- 災害と紛争：環境原因，自然災害及び人災が人間の福祉に与える脅威を最小限にする
- 資源効率：天然資源が環境的にやさしい方法で生産され，加工され，消費されるようにする

　なお，UNEPの活動に関する意思決定機関として，各国の政府代表からなる管理理事会が設置されていたが，これを引き継ぐ形で2012年に国連環境総会（UN Environment Assembly; UNEA）が設置され，その後1年おきに開催されている．

OECD

　「経済協力開発機構」（Organisation for Economic Co-operation and Development; OECD）においては，1970年環境問題を専門に扱う機関として，新たに環境委員会が設置された．これは環境問題が先進国共通の課題であると強く認識されるようになったことを示すものである．環境委員会の下部機関として，大気管理，化学品，廃棄物管理などに関する専門委員会が設置された．

　環境委員会では各国が環境政策を企画・推進する上で重要と思われる課題について検討が行われ，その結果は必要に応じ理事会において決定または勧告として採択される．同委員会は「汚染者負担の原則」（Polluter Pays Principle; PPP，1972年）や化学物質排出移動量届出制度（Pollutant Release and Transfer Register; PRTR，1996年），拡大生産者責任（Extended Producer Responsibility; EPR，2001年）を含む環境政策の国際経済的な側面に関する指針の決定や勧告を行うなど積極的な活動を展開している．

　また環境委員会は，加盟国の国別環境政策レビューを行っており，各国の政策に影響を及ぼしている．1976年から1977年にかけては日本の環境政策

に関する詳細な検討を行いその結果を報告書として取りまとめた．この報告書は日本の環境政策の方向について総合的な見直しを促す契機となった．このレビューでは「日本は数多くの公害防除の戦闘には勝利したが，環境の質を高める戦争ではまだ勝利を収めてはいない」と指摘し，公害を防除するだけでなく，さらに進めて環境の快適さ（アメニティ）を積極的に高めていく必要があることを示唆した．国民においても，水辺，静けさなどの快適な環境を構成する諸要素が急激に失われたことや生活水準の質を問う意識が醸成されたことなどを受けて，快適なまちづくりなどの幅広い環境政策に反映された（環境庁，1978）．

G7/G8 サミット

　先進 7 ヵ国首脳会議（いわゆる「G7 サミット」，その後「G8 サミット」，カナダ，フランス，ドイツ，イタリア，日本，（ロシア），米国，英国による首脳会議）において，地球環境問題及び持続可能な開発について議論がなされてきた．

　「G7 ベネチア・サミット経済宣言」（1987 年）では，オゾン層の破壊，気候変動，酸性雨等の地球環境問題に効果的に取り組む努力を促進する責務が強調された．また「G7 トロント・サミット経済宣言」（1988 年）では，「環境と開発に関する世界委員会」の報告書の中心的概念である持続可能な開発に対する支持が表明されるとともに，全ての国に対し国際協力の強化が要請され，オゾン層の破壊，気候変動，酸性雨，有害廃棄物の越境移動，砂漠化等の問題に対する一層の行動の必要性が強調されている．また G7 トロント・サミットに引き続き開催された「大気変動に関する国際会議」（カナダ政府主催）により，地球温暖化対策に関する世界的な議論が開始されることになった．その後 1988 年 11 月には地球温暖化に関するはじめての政府間の会議として「気候変動に関する政府間パネル」（IPCC）が設置される契機となった．

　さらに G7 アルシュ・サミット（1989 年）では，環境問題が主要議題の一つとして位置付けられ経済宣言の 3 分の 1 以上が将来の世代のために環境を保護する緊急の必要性を唱っており，地球環境問題は極めて重要な政治課題として取り上げられた．G7 ヒューストン・サミット（1990 年）における経

済宣言においても環境問題が多くの部分を占めており，1992 年までの気候変動枠組条約採択に言及している．

世界銀行

　世界銀行の根幹をなす「国際復興開発銀行」(International Bank for Reconstruction and Development; IBRD) は，第二次世界大戦後の世界経済の復興を第一義として設立されたが，1950 年代に入り，途上国における電力，道路，港湾など社会資本整備に対する融資を通じ経済成長を支援することに主眼が置かれるようになった．また 1960 年には，長期かつ無利子の譲許的条件の融資を目的とする「国際開発協会」(International Development Association; IDA) が設立され，上述の IBRD と併せ一般に「世界銀行」(World Bank) と称されている．

　世界銀行は 1980 年代後半より，開発プロジェクトに対する環境・社会配慮 (セーフガード) や環境プロジェクトへの融資，各種技術ガイドラインの策定など環境問題に対する積極的な活動を展開し，「多国間開発銀行」(Multilateral Development Bank; MDB) のリーダーとして，「開発と環境」の課題解決に向け主導的役割を果たしてきた．

　世界銀行は，1987 年，ブラジルのアマゾン林道開発による地元住民の強制的移住への対応において適切性を欠いたことにより，世界的世論の反発の矢面に立たされた．その反省の上に立ち，環境への配慮を業務や政策及び調査評価のあらゆる側面に組み込み，環境政策の構造的な改革を遂行した．これら改革の中枢部隊として環境局を，また現場の業務実施にあたっての司令塔として，各地域局にそれぞれ環境課を設置し，世界銀行の業務，政策面における環境保全に係る方針の徹底を図った．

　1989 年には「環境アセスメント」(試行) の指令書を発表し，開発プロジェクトの環境影響を審査する体制を整え，またリオ・サミット (1992 年) 以降は，国別環境対話，経済セクター貸付業務に環境を組み込み，持続可能な開発のための国際協力の主導的役割を担うようになった．

　世界銀行の展開する環境プロジェクトは①都市産業公害対策，②自然資源管理，及び③環境制度構築を 3 本の柱として展開してきている．また環境の内部化を図るため，受入国との協力の下「国家環境行動計画」(National Environmental Action Plan; NEAP) を策定し，この策定プロセスを通じ，受入国の環境分野における優先分野を特定し戦略的に融資の対象を絞り込むといったアプローチが採用された．

　世界銀行では，公害防止のみならず，生態系や住民移転などの社会的側面等を含め当初から幅広く「環境概念」をとらえてきたところが注目される．また環境を「持続可能な開発」を達成するための不可欠な要素として位置付けており，「環境が健全でなければ開発にとって得られる便益は長期的に確保されない」との考え方を他の機関に先立ち表明し，国際社会に力強いメッセージを発信した．

　近年は，地球環境保全の観点から，全てのプロジェクトに気候変動対策に寄与する要素を組み込むように業務指令書が改訂されたが，今後とも「持続可能な開発」を実現させていくけん引役として期待されている．

地球環境ファシリティ（GEF）

　地球環境ファシリティ（Global Environment Facility; GEF）は途上国において国や地域あるいは地球規模のプロジェクトが，地球環境問題の解決に貢献しようとした際に新たに必要となる追加費用として，資金を提供する国際的な資金メカニズムである．「G7 アルシュ・サミット」（1989 年）においてフランスが提案した．これを受けて 1991 年からパイロット・フェーズとして発足し，1992 年のリオ・サミットでのアジェンダ 21 において途上国への資金供与基金としての役割が位置付けられ，気候変動枠組条約及び生物多様性条約の資金メカニズムに指定されたことから，1994 年から本格的な業務を開始した．その後，4 年ごとの増資交渉を経て，現在は 2018 年から第 7 フェーズ（資金規模は 41 億米ドル）に入っている．

　資金提供の対象分野としては，生物多様性の保全，気候変動（緩和），オゾン層の保護，国際水域汚染の防止，土地劣化（森林減少，砂漠化）の防止，残留性有機汚染物質（POPs）及び水銀の対策の 6 分野である．さらに第 6 フェーズからは，対象分野を横断的に対応していくプログラムも実施が開始されている．

7.3 SDGs の内容と意義

(1) SDGs の策定

「リオ +20」における国際合意に基づき，SDGs 策定に向け，政府間交渉を行うメカニズムとして，各地域グループから指名される 30 名の専門家から構成される「公開作業部会」(Open Working Group; OWG) が設置されることとなった．しかし各地域に割り当てられた交渉の席を複数の国の代表者が共有することにより，実際には参加国を限定しない形での交渉プロセスとなった．こうした OWG におけるオープンな形での交渉の結果，SDGs の骨格が形成されていった（蟹江，2016）．

この成果を踏まえ，2014 年 12 月には国連事務総長がそれまでの「ポスト 2015 年開発アジェンダ」に関する議論をまとめた統合報告書を提示したが，この報告書が 2015 年 9 月の国連総会における SDGs 決定への道筋を決定付けたといえる（United Nations, 2014）．というのも MDGs は，開発の目標であったが，この報告書は明確に「持続可能な開発」のための目標の策定を目指すこととしており，国連の中での認識が変わったといえる．

2015 年 9 月にニューヨークで開催された「国連持続可能な開発サミット」において SDGs は，合意文書「我々の世界を変革する：持続可能な開発のための 2030 アジェンダ」(The 2030 Agenda for Sustainable Development: Transforming Our World) の中核的要素として位置付けられ，満場一致の採択を見るに至った．

「2030 アジェンダ」は，持続可能な社会の実現を目指し，2030 年を目標年とする世界共通の行動計画であり，その行動の目標として SDGs を位置付けている．2030 アジェンダは，「誰一人取り残さない (No one is left behind.)」をメイン・メッセージとして掲げるとともに，「人間」(People)，「地球」(Planet)，「繁栄」(Prosperity)，「平和」(Peace)，「パートナーシップ」(Partnership) という「5 つの P」に象徴される分野における行動を統合的に展開することにより，世界の変革を目指している（United Nations, 2015）．

SDGs は，MDGs の残された課題への対処を含む形で，貧困や保健などの開発に関する目標と，国内外の不平等の是正，エネルギーへのアクセス，気

表7.2 持続可能な開発目標（2015-2030年）（外務省資料などをもとに作成）

ゴール1 （貧困）		あらゆる場所のあらゆる形態の貧困を終わらせる
ゴール2 （飢餓）		飢餓を終わらせ，食料安全保障及び栄養改善を実現し，持続可能な農業を促進する
ゴール3 （健康な生活）		あらゆる年齢のすべての人々の健康的な生活を確保し，福祉を促進する
ゴール4 （教育）		すべての人々への包摂的かつ公正な質の高い教育を提供し，生涯学習の機会を促進する
ゴール5 （ジェンダー 平等）		ジェンダー平等を達成し，すべての女性及び女児の能力強化を行う
ゴール6 （水）		すべての人々の水と衛生の利用可能性と持続可能な管理を確保する
ゴール7 （エネルギー）		すべての人々の，安価かつ信頼できる持続可能な近代的エネルギーへのアクセスを確保する
ゴール8 （雇用）		包摂的かつ持続可能な経済成長及びすべての人々の完全かつ生産的な雇用と働きがいのある人間らしい雇用（ディーセント・ワーク）を促進する
ゴール9 （インフラ）		強靱（レジリエント）なインフラ構築，包摂的かつ持続可能な産業化の促進及び イノベーションの推進を図る
ゴール10 （不平等の是正）		各国内及び各国間の不平等を是正する
ゴール11 （安全な都市）		包摂的で安全かつ強靱(レジリエント）で持続可能な都市及び人間居住を実現する
ゴール12 （持続可能な 生産・消費）		持続可能な生産消費形態を確保する
ゴール13 （気候変動）		気候変動及びその影響を軽減するための緊急対策を講じる*
ゴール14 （海洋）		持続可能な開発のために海洋・海洋資源を保全し，持続可能な形で利用する
ゴール15 （生態系・森林）		陸域生態系の保護，回復，持続可能な利用の推進，持続可能な森林の経営，砂漠化への対処，ならびに土地の劣化の阻止・回復及び生物多様性の損失を阻止する

ゴール 16 （法の支配等）		持続可能な開発のための平和で包摂的な社会を促進し，すべての人々に司法へのアクセスを提供し，あらゆるレベルにおいて効果的で説明責任のある包摂的な制度を構築する
ゴール 17 （パートナーシップ）		持続可能な開発のための実施手段を強化し，グローバル・パートナーシップを活性化する

*国連気候変動枠組条約（UNFCCC）が，気候変動への世界的対応について交渉を行う基本的な国際的，政府間対話の場であると認識している．

候変動対策，生態系の保護，持続可能な消費と生産など全部で 17 の課題を含んでいる（表 7.2 参照）．

　SDGs の構成は，MDGs と同様に，目標（Goal），ターゲット，指標という 3 層構造で，17 の目標，169 のターゲットが含まれる．指標については後述の通り国連において検討され，2017 年に全 244（重複を除くと 232）が採択されている．途上国と先進国を対象としており，経済，社会，環境の 3 つの側面が統合された形で達成すべきであること，またそれぞれの目標が他の目標分野と関連しており，それぞれの目標達成に向けては，他の目標達成への貢献が織り込まれているのが特徴となっている．

　2030 アジェンダでは，世界レベルで設定された目標である SDGs を踏まえ，各国がそれぞれの国内事情や優先順位を勘案して，各国が目標を決定することができることを奨励しており，各国政府が世界的ターゲットを自国の国家戦略や政策に反映していくことを想定している．また，それぞれの国が独自のアプローチやビジョンを利用していくことを認識している点も極めて重要である（蟹江，2017）．

　さらに 2030 アジェンダは，目標達成のための実施手段についても詳しく記述している．とりわけ開発資金に関する今後の方針について 2015 年に国際合意した「アディス・アベバ行動目標」（Addis Ababa Action Agenda）に盛り込まれている具体的な政策と行動を 2030 アジェンダの不可欠な部分としており，SDGs 目標達成のための実施手段の重要な構成要素として位置付けている（コラム参照）．また政府，市民社会，民間セクター，国連機関などの主体によるパートナーシップがその達成のために不可欠であることが強調されており，これらによって知識，専門的知見，技術，資金などの動員を

目指している.

コラム　アディス・アベバ行動目標

　第3回開発資金国際会議は，2015年7月エチオピアの首都アディス・アベバにて開催され，各国の首脳や閣僚レベルの参加を得て，途上国の開発資金確保とその効果的な活用のための課題や方策について議論を行った．この会議の成果は「アディス・アベバ行動目標」（Addis Ababa Action Agenda）として採択されたが，この「行動目標」は，開発資金に関する政策枠組みなどを定めており，この会議の2ヵ月後に開催された国連持続可能な開発サミットにおいて採択された「2030アジェンダ」では，「アディス・アベバ行動目標」に含まれる具体的政策と行動は，重要な実施手段であり，「2030アジェンダ」の不可欠な部分として位置付けられている.

---

(2) SDGs の意義

　SDGs は，環境・社会・経済をめぐる幅広い課題に統合的に取り組むことにより，「誰一人取り残さない」社会の実現を目指している．MDGs が途上国における開発課題への対処を主眼としていたのに対し，SDGs は先進国にも途上国にもその達成に向けたコミットメントが求められており，幅広いステークホルダー（民間企業，自治体，市民団体等）の役割を重視している点において普遍性のある目標となっている．また各国や地域の実情に即した独自の取組を認める柔軟性を有している点において，ユニークな国連目標となっている．さらに SDGs は，国際社会における長年にわたる議論を踏まえ，世界を持続可能な方向に変革していく道筋を示した点において歴史的な意義を有している.

　SDGs 策定の背景と特徴は次のように整理することができる.

① MDGs の実施により積み残された課題をフォローアップしていく観点から，目標が検討されたこと

② 「地球システムの境界」（Planetary Boundaries）についての研究成果により，人間活動を受け入れることができる地球環境・資源の限界が明らかにされるとともに，すでに限界を超え，または限界に近付いてきている領域について広く共有され，目標設定に反映されることにな

ったこと（Rockström *et al.* 2009）

③　目標の達成には幅広いステークホルダーの参画が不可欠であるとの認
　識の下，目標設定のプロセスでは，できるだけ多くのステークホルダ
　ーの意見が反映されるよう配慮がなされたこと

コラム　地球システムの境界（Planetary Boundaries）

　人類が社会経済的発展をするために許容される地球システム上の境界をと
らえた概念であり，ストックホルム・レジリエンス・センターのヨハン・ロ
ックストローム所長（当時）らのグループにより 2009 年に提示された．こ
の境界内であれば地球システムは回復力を発揮できるが，これを超えてしま
うと地球システムが大きな変動を招く危険があるというものである．

　地球システムが健全な状態を保つ上で少なくとも重要となる 9 つのプロセ
ス（気候変動，海洋酸性化，成層圏オゾンの減少，窒素及びリンの生物地球
化学的循環の変化，地球規模での淡水利用，土地利用変化，生物多様性，エ
アロゾルの負荷，化学物質による汚染）のうち，気候変動，生物多様性，生
物地球化学的循環の変化，土地利用変化の 4 つの分野ではすでに境界を超え，
あるいは超えつつあるとの示唆が得られている．

（3）相乗効果（シナジー）とトレードオフ

　2030 アジェンダでは，全ての SDGs の目標は，一体のもので分割できな
いものであり，相互に関連しており，統合的な解決が求められるとしており，
各目標達成に向けた取組も相互に補完しあうとともに，一つの目標達成に向
けた行動が，結果的に他の目標の達成にも効果的に作用することがありうる
（相乗効果，シナジー）．一方で，ある目標達成のための行動が，ともすれば
他の目標達成に向けてはネガティブな効果をもたらすこともある（トレード
オフ）．こうしたことを，念頭に置きながらあらゆる取組を推進していくこ
とが求められており，例えば IPCC の「1.5℃ 特別報告書」（2018 年 10 月）
では，こうした点について考察している（IPCC, 2018）．

引用文献

加藤三郎（2018）「ストックホルム会議」から 46 年．環境と文明，26(6): 1-3.

加藤久和（1998）アジェンダ 21 と各種国際機関・先進国の役割．内藤正明・加藤三郎編『岩波講座 地球環境学 10 持続可能な社会システム』岩波書店，53-86.

蟹江憲史（2015）持続可能な開発目標（SDGs）：サステイナビリティへのクロスロード．環境研究，177: 24-33.

蟹江憲史（2016）SDGs 実施へ向けた展望．環境研究，181: 3-10.

蟹江憲史（2017）『持続可能な開発目標とは何か──2030 年へ向けた変革のアジェンダ』ミネルヴァ書房，324 pp.

環境省（2003）『ヨハネスブルグ・サミットからの発信』海外環境協力センター（出版協力），329 pp.

環境庁（1972）『国連人間環境会議の記録』環境庁長官官房国際課，241 pp.

環境庁監修（1978）『OECD レポート日本の経験──環境政策は成功したか』日本環境協会，146 pp.

環境と開発に関する世界委員会（1987）『地球の未来を守るために』（大来佐武郎監訳）福武書店，440 pp.

竹本和彦（1998）持続可能な発展という概念．内藤正明・加藤三郎編『岩波講座地球環境学 10　持続可能な社会システム』岩波書店，87-97.

松下和夫（2003）ストックホルムとリオからヨハネスブルグを考える──環境・開発サミットの総括と展望．環境研究，128: 10-19.

IPCC（2018）Special Report on Global Warming of 1.5°C. https://www.ipcc.ch/sr15/

NASA（2012）https://www.nasa.gov/mission_pages/landsat/news/40th-top10-aralsea.html

Rockström, J. *et al.*（2009）A safe operating space for humanity. Nature, 461: 472-475.

United Nations（2012）The Future We Want. https://sustainabledevelopment.un.org/content/documents/733FutureWeWant.pdf

United Nations（2014）The Road to Dignity by 2030: Ending Poverty, Transforming All Lives and Protecting the Planet. https://www.un.org/disabilities/documents/reports/SG_Synthesis_Report_Road_to_Dignity_by_2030.pdf

United Nations（2015）Transforming our world: the 2030 Agenda for Sustainable Development. https://sustainabledevelopment.un.org/post2015/transformingourworld

第8章　SDGs 達成に向けた取組

8.1　SDGs 達成に向けた枠組み

「持続可能な開発のための 2030 アジェンダ」(2030 年アジェンダ) 及びその中核要素である「持続可能な開発目標」(SDGs) は 2015 年 9 月国連本部で開催された国連サミットにおいて採択されたが, その実施のフォローアップ・レビューには様々な段階がある. 2030 アジェンダにおいては, フォローアップとレビューの場を世界全体 (Global), 地域 (Regional) 及び各国家 (National) レベルと分けており, 国レベルのレビュー, それに基づく地域でのプロセスを経てグローバルレベルに貢献する道筋を示している (図8.1).

世界全体 (Global) で 2030 年アジェンダ及び SDGs をフォローアップ・レビューする場としては, 2030 年アジェンダに基づき「国連持続可能な開発に関するハイレベル政治フォーラム」(High-level Political Forum on Sustainable Development; HLPF) が開催されている (2030 年アジェンダ, パラグラフ 83).

地域レベル (Regional) では, 2030 年アジェンダにおいて国連の経済社会地域委員会が締約国のサポートを行うよう推奨されており, 毎年アジア太平洋, 北アメリカ, ラテンアメリカ, カリビアン, アフリカ, ヨーロッパと地域ごとに持続可能な開発に関するフォーラムが開催されている. これらの地域ごとの SDGs フォローアップ結果は HLPF に報告される.

次に国家 (National) レベルでは, 各国から SDGs に関する実施状況をまとめた報告書である自発的国家レビュー (Voluntary National Reviews; VNR) が国連に提出されている. 「2030 年アジェンダ」に基づき各国が自発

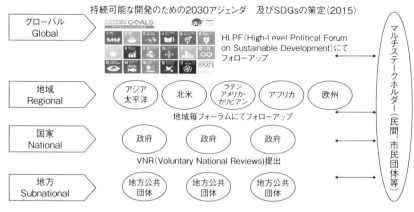

図8.1 SDGsの実施に向けて（筆者作成）

的に取組状況を発表・報告することとされている.

　最後に地方（Local）レベルでは，地方公共団体による SDGs 実施が行われている. このほか，民間セクター，研究機関，市民団体など各種アクターが SDGs に関する取組を展開している. 2030 年アジェンダでは多様なステークホルダーの活動の重要性が強く認識されており，上述の全ての活動の土台となる取組が展開されている.

8.2 国際的動向

(1) 世界全体での動向

　HLPF は 2030 年アジェンダ及び SDGs の世界全体のフォローアップ・レビューを行うことにより，政治的リーダーシップと経験共有，マルチステークホルダーの参加を通じて SDGs 実施を促進する役割を担っている. HLPF は国連経済社会理事会（The United Nations Economic and Social Council; ECOSOC）の下で毎年開催されるが，4 年ごとに行う総括レビューの年には，国連総会において各国首脳の参加の下でも開催される. また，2030 年アジェンダに基づき HLPF のフォローアップ・レビューにおいては，国連事務総長が毎年作成する「年次 SDG 進捗報告」（Annual SDG Progress Report），また各国政策立案者が科学的な裏付けを以って貧困撲滅及び持続

可能な開発を促進していけるようにするため「グローバル持続可能開発報告書」（The Global Sustainable Development Report; GSDR）も活用されることになっている．これまでに開催された HLPF では，2017 年から 2019 年にはテーマ別レビューが行われ，SDGs の 17 ゴール全てのレビューが 4 年間で一巡されている．

また，2019 年は 4 年に 1 回開催される国連総会における HLPF の年でもあり，2030 年アジェンダ及び SDGs が 2015 年に採択されてから最初の総括的レビューの場として SDG サミットが開催された．

地域（Region）では上述の通り，地域ごとに持続可能な開発に関するフォーラムが開催され，SDGs を地域でフォローする場が設定されている．例えば「国連アジア太平洋経済社会委員会」（The United Nations Economic and Social Commission for Asia and the Pacific; ESCAP）は地域レベルでのロードマップ作成，加盟国の実施支援，能力開発を進めており，毎年「持続可能な開発に関するアジア太平洋フォーラム」（The Asia-Pacific Forum on Sustainable Development; APFSD）において地域レベルでの SDGs フォローアップを行っている．また，ESCAP ではアジア太平洋レベルで政策経験の共有を行うため，アジア開発銀行（Asian Development Bank; ADB）や国連開発計画（UNDP）とともに「アジア太平洋 SDG パートナーシップ」（Asia Pacific SDG Partnership）を形成して政策やモニタリング支援を行ったり，SDGs の傾向とモニタリングにおけるデータ入手可能性等をまとめた「アジア太平洋 SDG 進捗報告書」（Asia and the Pacific SDG Progress Report）を作成・発信している．さらにアジア太平洋地域における SDGs に関するパートナーシップを進めるため，アジア太平洋地域におけるより強い組織間連携，また地域の声を国際プロセスに生かすことを目指す市民社会プラットフォームとして「アジア太平洋地域 CSO エンゲージメントメカニズム」（Asia Pacific Regional CSO Engagement Mechanism; APRCEM）を通じた市民団体とのパートナーシップを促進したり，ESCAP 加盟国への支援として SDGs パートナーシップガイドラインの発行（UNU-IAS and UNESCAP, 2018）等を進めている．

(2) 国家ごとの SDGs 実施

　国家レベルでは，特に国家政策・計画・予算等への SDGs の主流化（メインストリーミング）が実施の鍵となる．行政機構の組織強化としては，例えばアジア太平洋地域では，以下のような SDGs 実施のための政策が実施されている．

　①実施責任の明確化（マッピング）（インド）

　②SDGs 推進本部といった調整機構の設置（インドネシア，フィリピン，トルクメニスタン，アルメニア，中国，日本）

　③SDG 専任省庁の設置（スリランカ）

　④国内法への反映（インドネシア，パキスタン）

　⑤国内開発計画への反映（中国，フィリピン，アゼルバイジャン）

　こういった SDGs への取組の違いは各国の歴史・背景や開発の状況によっても異なる．SDGs 実施の国際比較については，途上国における MDGs ガバナンスの構築経験が SDGs 実施枠組みを構築する際に活用されていることが示唆されている．今後は SDGs 達成に向け，法整備や能力構築等によって各国内の SDGs 実施体制を強化することが望ましいが，各国の状況に合ったアプローチで着実に取組を進めていくことが必要である．

コラム　日本とインドネシアにおける SDGs 実施の比較

　国連大学サステイナビリティ高等研究所の各国の SDGs ガバナンス構造比較の研究結果（Morita *et al.*, 2019）によれば，日本もインドネシアも分野横断的な SDGs 達成に向けた様々な省庁間を調整するメカニズムを構築している．

　日本はインドネシアと比べて，非政府組織を含む多様なアクターを参画させたガバナンスのビジョン・目標設定や，研究コミュニティーの積極的な参画・知見共有が見られる．一方で，インドネシアは大統領令等，実施面でより強い法的な SDGs 実施枠組みを構築し，法的かつ頻度の高い PDCA サイクルも設定していることが示された．なお，日本は SDGs 実施の法的枠組みが存在しない．日本に比べインドネシアは MDGs 達成のためのガバナンス構築の経験があり，SDGs に関する法システム構築や開発計画への SDGs の主流化など SDGs 達成のためのガバナンス構築にもその経験が活かされてい

ると見られる.

　両国とも現時点では SDGs 達成状況を測るモニタリング評価の詳細が未定であり, また特に地方レベルにおいて SDGs に関する政策を実施するための知識, 能力構築等の課題が残ることが示された.

(3) 多様なステークホルダーによる SDGs 実施

　SDGs の実施には, 国だけではなく多様なステークホルダーの関わりの重要性が指摘されている. 様々なアクター・セクターを受け入れた包摂的・協調的なガバナンスや組織的な仕組みを構築する必要がある.

　例えばアジア太平洋地域で既に VNR が提出されている国々の行政メカニズムでは, SDGs の政策形成過程や実施体制は国によって異なるものの, ほとんどの国が何らかの形で国家以外のセクターが関わる仕組みを設けている, あるいは予定していることがわかっている. 一方で, 多くの国では国家中心で SDGs の政策づくりが進められており, ステークホルダーの関与は国による主な実施組織に単に追加されているだけとの指摘もある (地方レベルのアクターが国の VNR 作成にあまり関与できていない, ステークホルダーは政府が設けた会合の一部メンバーとなるだけでそれだけでは SDGs 政策の主要意思決定に関わることが難しいなど) (Sunam *et al.*, 2018). 様々な主体との対等なパートナーシップをどう構築するかが課題となっている.

　様々なステークホルダーの中でまず大きな流れとしていえるのは, SDGs に対応する世界経済, 市場の動向であり, とりわけ ESG 金融 (環境 Environment, 社会 Social, コーポレートガバナンス Governance に考慮した金融) (環境省, 2018) が国際的な広がりを見せている. 国連グローバル・コンパクト, 国連環境計画・金融イニシアチブ (UNEP-Finance Initiative; UNEP FI), 国連責任投資原則 (Principles for Responsible Investment; PRI) 等が発表した報告書「21 世紀の受託者責任」(2015 年) では, 「投資実務において, 環境上の問題, 社会の問題及び企業統治の問題など長期的に企業価値向上を牽引する要素を考慮しないことは, 受託者責任に反することである」と記載されている. 例えば投資にあたり, 企業価値として財務情報だけではなく非財務情報である ESG を考慮して投資の意思決定を進めるこ

と等も含まれる.

　またESG要素を考慮した金融商品が多様化・拡大しており,SDGsの目標に資するようなグリーンボンドやウォーターボンド,ワクチン債,マイクロファイナンスボンド等広がりを見せている.国際的にもグリーンボンドの発行額は急増しており,2012年には31億ドル規模だったものが2017年には1608億ドルまで増えている.こうした流れは,従来の企業の社会的責任(Corporate Social Responsibility; CSR)の文脈で環境や社会に貢献するというとらえ方から発展して,ESGに取り組むことが経営戦略として重要である(取り組まないことが経営リスクとなる)と認識されるようになったことを示唆している.こういった動向の中で,「国連グローバル・コンパクト」や「持続可能な開発のための世界経済人会議」(World Business Council for Sustainable Development; WBCSD)などの国際的企業団体のもと,各企業の取組が進められている.

　研究機関や大学,企業,市民団体などを含むステークホルダーのネットワークとしては,「持続可能な開発ソリューションネットワーク」(Sustainable Development Solutions' Network; SDSN)が2012年に国連事務総長の提唱により設立された.SDSNは地域レベル,国レベルでの取組ネットワークを世界レベルで組織しており,各国のSDGs実施状況を第三者的にレビューするSDGs Indexをはじめとする各種レポートを発行している.

　また,学術界としてもSDGsへの取組が活発になっている.持続可能な地球社会の実現をめざす国際協働研究プラットフォームとしてFuture Earthが組織されている(東京大学未来ビジョン研究センター,2019).これは2012年のリオ+20で提唱されたものであり,それまで20年以上に渡って推進されてきた地球環境研究に関する国際研究を再編,統合する形で形成され,2013年から10年間のプログラムとして発足した.2015年に5つの国際本部事務局と4つの地域センターが設立されている.

(4) 地方レベルでの取組

　SDGsをローカルレベルで実施することの重要性は,SDGsのゴール11(安全な都市)において「包摂的で安全かつ強靱(レジリエント)で持続可能な都市及び人間居住を実現する」と表現されている.このゴールには都市

と都市に関する幅広い課題を網羅するテーマである人間居住，交通，災害，環境，文化，自然遺産などが含まれており，ゴール3（健康な生活）やゴール4（教育），ゴール5（ジェンダー平等），ゴール6（水），ゴール8（雇用）など他のゴールとも関連している．

　また，第3回国連人間居住会議（HABITAT 3，2016年，エクアドルのキトで開催）において「ニュー・アーバン・アジェンダ」（The New Urban Agenda）が採択された（ニュー・アーバン・アジェンダ，2016）．今後20年間の幅広い人間居住の課題解決に向けた国際的な取組方針として位置付けられ，持続可能な都市を実現する上でSDGsの地域における実施に関する指針を国際社会に提供するものとしても認識されている．こういった国際的動向の中で，世界全体で都市レベルでのSDGs実施が進められ，SDGsローカライゼーション（地域実施）が鍵となっている．

　自治体がSDGsに取り組むメリットは次のように整理されるが，今後も事例の蓄積とともにSDGs実施が自治体に対してもたらすメリットは変わり得る（村上，2018を参考に筆者作成）．

　①地域における様々な課題の解決（SDGsで経済，社会，環境への統合的取組）

　②地域の状況の客観的な判断と対策検討（世界の共通のものさしでもあるSDGsに基づき，各地域の強みや弱みを認識）

　③パートナーシップの広がり（世界の共通言語としてSDGsに取り組むことで，従来とは異なる国内外のステークホルダーとつながることかできる）

　④地域の価値の向上（SDGsへの取組はどのセクターでも求められることから，取り組まない場合に市場リスクとなりうる）

　具体的な都市の取組として，OECDでは「持続可能な開発目標（SDGs）への地域的アプローチ：誰も置き去りにしないための都市・地域の役割」プロジェクトを開始した（OECD，2018）．世界から10-12程度のパイロット都市を選定し，都市・地域レベルの取組を支援するための枠組みであり，日本からは北九州市が選ばれている．

　アジア太平洋地域の都市においては，ASEANにおいてこれまで環境都市，モデル都市とされてきた地方公共団体を，SDGsの包括的なフレームワーク

をもとに「より挑戦的な役割に向けて卒業させる」として "ASEAN SDGs Frontrunner Cities (FC) Programme" が開始されるなどの動きがはじまっている（JAIF, 2018）.

　個別の都市の動きとして，例えば米国のニューヨークは，Voluntary Local Review として 2018 年に自治体としての SDGs 取組を国際的に発表して，都市としてのブランド力をより高めている（ニューヨーク市，2018）. また，オーストラリアのメルボルン市では 2017 年に SDGs のデスクトップ評価を実施し，市の政策や計画が現状でどのように SDGs に向きあえているかをレビューし，将来政策に活用しようとしている（メルボルン市，2017）.

　世界最大の自治体の国際的な連合組織である「都市・自治体連合」(United Cities and Local Governments; UCLG) によると，世界中の様々な都市において参加型手法が取り入れられるとともに，ダーバン（南アフリカ），マンハイム（ドイツ），ニューヨーク（米国），キト（エクアドル），ソウル（韓国）等における長期計画やビジョンへの SDGs の反映が進められている (UCLG, 2018).

　都市レベルでの課題としては，SDGs 取組が 2018 年時点では一部の先進的な地方公共団体に限られていること，SDGs 実施をフォローアップするためのローカルな関係者の関与が不明確であること，多くの地方公共団体において SDGs に関する知見が不足していることなどが挙げられる.

8.3　国内政策の展開

(1) 日本の国内 SDGs 実施

　日本においては，2016 年 5 月に内閣に「持続可能な開発目標（SDGs）推進本部」が設置された. 総理が本部長，全閣僚が構成員を務め，省庁横断的に総括，優先課題を特定することを目指し国内実施と国際協力の両面で政府一体の取組体制を構築した. また同年 9 月には，「推進本部」の下に幅広くステークホルダーからの意見を反映していくことを視野に「SDGs 推進円卓会議」が設置された.「SDGs 推進円卓会議」は SDGs 達成に向けた取組を広範な関係者が協力して推進していくため，行政，NGO，NPO，有識者，民間セクター，国際機関，各種団体等の代表から構成され，実施指針等の策

定や実施に向けた意見交換の場として機能している.

　日本の国家レベルでのSDGs 実施については，上述の「SDGs 推進本部」が「SDGs 推進円卓会議」の議論を踏まえ策定した「SDGs 実施指針」（2016年12月策定，2019年12月改訂）及び「SDGs アクションプラン」（2017年12月より定期的に策定）の2つが主な政策枠組みといえる.

　SDGs 実施指針は，「日本が2030 アジェンダを実施し，2030年までに日本の国内外においてSDGs を実施するための中長期的な国家戦略」として位置付けられており，ビジョンとして「国内実施，国際協力の両面において，世界を，誰一人取り残されることのない持続可能なものに変革」することを目指している（SDGs 推進本部, 2019）. また，8つの優先課題を掲げ，各課題に関する具体的な施策等をアクションプランに記載することとしている. 指針では，実施のための主要原則（普遍性，包摂性，参画型，統合性，透明性と説明責任）を明記し，今後の推進体制として，SDGs の主流化，政府の体制強化，様々なステークホルダーの役割，広報・啓発の強化を示している.

　「SDGs アクションプラン」は定期的に改訂されているが，全体としては日本の SDGs モデルの大きな柱として以下3点を掲げている.

- ビジネスとイノベーション〜SDGs と連動する「Society 5.0」の推進〜
- SDGs を原動力とした地方創生
- SDGs の担い手として 次世代・女性のエンパワーメント

　こういったSDGs に関する取組の進捗は実施指針に基づき定期的に確認・見直しが行われ，今後フォローアップ・レビューされていくこととなる.

　SDGs 主流化（メインストリーミング）の重要手段である国家レベルの計画への反映も進みつつある.「第五次環境基本計画」（2018年閣議決定）では，SDGs 主流化を念頭においたはじめての計画への反映として，SDGs が明確に位置付けられた. SDGs を活用しながら分野横断的な「重点戦略」を設定しており，環境・経済・社会に関する「同時解決」を目指す統合的なアプローチ等を取り入れることにより，「新たな成長」を目指している.

(2) 地方レベルでの取組

　地方レベルの取組としては，国際的に見ても先進的といえる事例が日本国内に構築されつつある. SDGs 採択前の 2010年から内閣府（地方創生推進

事務局）による「環境未来都市」プロジェクトが実施され，「リオ +20 サミット」（2012 年）の流れも受け SDGs につながる考え方を積極的に導入してきた．SDGs 採択を踏まえ，これは「SDGs 未来都市」プロジェクトとして構築され，2018 年から内閣府の自治体 SDGs 推進事業として実施されている．自治体における SDGs 達成に向けた取組は地方創生の実現に資するものであり，その取組を推進することが重要であるとの前提のもと，優れた取組を提案する都市を「SDGs 未来都市」として選定し，自治体 SDGs 推進関係省庁タスクフォースにより強力に支援する取組である．2018 年 6 月には 29 の地方公共団体（4 道県，25 市町村），2019 年 7 月には 31 の地方公共団体（3 県，28 市町村）が選定されている．また，その中で先導的な取組については「自治体 SDGs モデル事業」として各年度 10 の事業が選定され資金的に支援される仕組みも組み入れられている．SDGs 未来都市のうち，2018 年に指定された 29 自治体は 2018 年 8 月に SDGs 未来都市計画を策定・公表しており，これら計画からは次の点が集約される．

- 総合計画も含む各種計画への SDGs の反映が進み，SDGs 主流化の進展が伺える．8 割以上が SDGs を自治体の最上位計画に位置付けることを明記（反映済を含む）しており，また約 6 割が既存のセクター別計画などに SDGs を反映済である．
- 行政の執行体制として，29 自治体の多くで SDGs 推進のための機関（推進本部）が知事・市長・町長トップの組織として設定されている．また，選定された都市の少なくとも 7 割の自治体が SDGs 実施の主要部局を総務・企画部署に設定し，経済，社会，環境の統合的実施を視野に入れた取組が選ばれている．
- ステークホルダーとの連携，パートナーシップ重視の高まりが見て取れる．29 自治体の全てが，民間企業，研究機関，市民団体など多様なステークホルダーの関わりを明記している．

> **コラム　SDGs によって変わる地域──パートナーシップの広がり**
>
> 　SDGs に取り組むことによって何が実際に変わるのか．取組ははじめられたばかりだが，地方行政の現場からは，SDGs を政策に掲げることによる新しいパートナーシップの構築，それによる新規政策や地域課題解決への道筋

が示唆されている.

　例えば北海道下川町では，SDGs パートナーシップ・センタ　拠点を行政内に設置している（図 8.2）．プロジェクトベースで，町内外の人・企業・団体が集まり活動する場で，様々なステークホルダーのマッチングが予定されている．また富山市では，SDGs 未来都市に認定されて以降これまで接点のなかった多くの民間企業から問い合わせがあり，新規連携プロジェクトの形成を目指している．福岡県北九州市では，損害保険ジャパン日本興亜（株）と 2018 年 2 月に全国初の環境・SDGs 連携協定が締結され，また民間活動支援のため SDGs クラブが発足し，さらに市中心部の「SDGs 商店街」の取組が注目される等，多様なステークホルダーの参画が進められている．

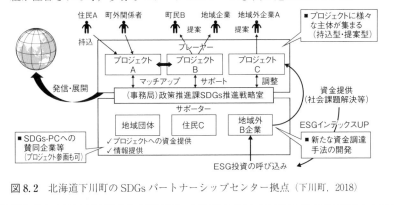

図 8.2　北海道下川町の SDGs パートナーシップセンター拠点（下川町，2018）

　さらに，SDGs を共通言語として，課題解決に取り組む官民の連携創出を支援することを目指し，「地方創生 SDGs 官民連携プラットフォーム」が設立された（2018 年）（図 8.3）．この「連携プラットフォーム」は，SDGs の達成と持続可能なまちづくり（経済・社会・環境）による地方創生の実現と，官民連携による先駆的取組（プロジェクト）の創出を目的としており，パートナーシップのフレキシブルな広がりを推進するものとして今後の役割が期待される．

(3) 民間における取組

　日本の経済界全体での取組としては，経団連が 2017 年 11 月「企業行動憲章」を改訂し，Society 5.0 の実現を通じた SDGs の達成を柱として位置付

■自治体におけるSDGsの達成に向けた取組は，地方創生の実現に資するものであり，本プラットフォームは，SDGsを共通言語として，課題解決に取り組む官民の連携創出を支援することを目的として設立する．

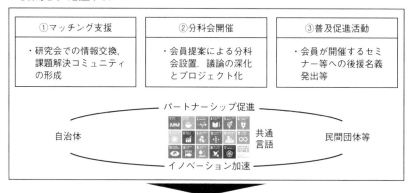

図8.3　地方創生SDGs官民連携プラットフォーム（内閣府地方創生推進事務局，2018）

けた．Society 5.0は，狩猟社会，農業社会，工業社会，情報社会に続く人類社会発展の歴史における5番目の新しい社会として記載されている．この「行動憲章」では，持続可能な社会の実現が企業の発展の基盤であること，またESG（環境・社会・ガバナンス）に配慮した経営の推進が明記され，経済界全体としてSDGsに積極的に取り組む姿勢が見て取れる．

　また「グローバル・コンパクト・ネットワーク・ジャパン」（日本版のネットワーク）においては，日本企業のSDGs取組を促進するための様々な取組を実施している．「国連グローバル・コンパクト」が作成した「SDGsコンパス」（SDGsの企業行動指針）や「SDGsインダストリーマトリックス」の発信，また日本企業の先進的取組レポート等を進めている（グローバル・コンパクト・ネットワーク・ジャパン，2019）．

　さらに金融界におけるSDGsへの取組動向も目覚ましい進展を遂げている．前述の世界的なESG投資の強化の流れの中で，「年金積立金管理運用独立行政法人」（Government Pension Investment Fund; GPIF）では，2017年10月に投資原則を改定し，全ての資産クラスにおいてESGを考慮することで被保険者のために中長期的な投資収益の拡大を図ることを表明した（環境

省，2018）．GPIF は世界銀行グループとも連携して債券投資における ESG の考慮への共同研究を行い，ESG と「インパクト」投資を統合させる動きとして SDGs と関連づける手法等も報告書としてとりまとめている（GPIF，2018）．

(4) 市民団体等における取組

SDGs の実現に取り組む NGO/NPO など市民社会のネットワークとしては，「SDGs 市民社会ネットワーク」（略称：SDGs ジャパン）が挙げられる．2013 年，SDGs 形成のための多国間交渉に日本の市民の声を反映させるために「ポスト 2015 NGO プラットフォーム」として設立され，外務省と日本の市民社会との対話の窓口を担ってきた（SDGs ジャパン，2019）．2016 年に現在の形に再編され，上述の「SDGs 推進円卓会議」の場などを通じて SDGs 達成のための政策提言を行っている．SDGs 市民社会ネットワークは，ボトムアップでの SDGs 達成に向けた市民社会からの提案として「SDGs ボトムアップ・アクションプラン」を 2019 年に作り，日本政府がアクションプランを策定する際に提示する等，市民社会を含め様々な関係者が協働しながら SDGs 実施を進めるための積極的な働きかけを行っている．またアジア・アフリカの SDGs 市民プラットフォームやグローバルなネットワーク等とも連携して，HLPF の場において活動状況を国際社会に発信する等活動している．

2015 年には SDSN ジャパンが発足し，現在世界各地に活動の拠点が形成されている SDSN ネットワークを構成する日本のハブとして，SDGs をはじめとするサステイナビリティの課題への取組，多様なステークホルダーとの協働のためのプラットフォーム構築，国連機関や国際機関の関係者，各国・各地域ネットワークとの連携による国際動向のフォロー，及び日本の成果の国際発信などを目的として活動を展開している．

また，ESD（Education for Sustainable Development，持続可能な開発のための教育）に関しても，フォーマルな教育（学校教育），インフォーマルな教育の現場それぞれで SDGs に関する動きが加速化している．ESD とは「一人ひとりが世界の人々や将来世代，また，環境との関係性の中で生きていることを認識し，持続可能な社会の実現に向けて行動を変革するための教

育」と定義されており（環境省），国際的には 2005 年国連 ESD の 10 年（UNDESD, 2005-2014）において位置付けられ，その後，国連 ESD のフォローアップとして 2014 年に「ESD に関するグローバル・アクション・プログラム」（GAP）が国連総会で採択され，2015-2019 年に GAP に基づいた ESD の推進が進められてきた．一方 2015 年に採択された SDGs ではゴール 4（教育）として「全ての人々への包摂的かつ公正な質の高い教育を提供し，生涯学習の機会を促進する」が掲げられた．2019 年 11 月，国連教育科学文化機関（UNESCO）において GAP の次の枠組みとして「ESD：SDGs の達成に向けて」（ESD for 2030）文書が UNESCO 総会にて採択された．新しい枠組みは 2020-2030 年に向けたものであり，SDGs の達成に向けた ESD の強化と，17 の SDGs の達成を通して持続可能な世界を構築することを目的としている．ESD は教育を通じて全ての SDGs に対応することにより，持続可能な開発のための行動に着手するための効果的な方法を提供することが求められている．これまでの ESD の取組は SDGs の達成にも貢献するものとして認識されており，国内の ESD に関する取組も SDGs 達成に向けた重要な実施として注目されつつある．

8.4　今後の課題と展望

　2015 年の 2030 年アジェンダ・SDGs 採択から 4 年が経過し，国，地方，民間など様々なレベルでの SDGs 実施体制構築は進んでいる．

　日本においても，法制度のレベルまで至っていないものの，特に民間企業において多様な広がりを見せている．2015 年採択時点では国内ではそれほど大きく注目されなかったものの，2016 年に国の政策の中で位置付けられた．地域創生の分野では，「SDGs 未来都市」という形で地域の課題解決に資する概念として認識されるようになり，また経済界としても，経団連の行動憲章において位置づけられ，以降多くのステークホルダーが SDGs に取り組む流れが加速している．こういった背景には，人口減少，少子高齢化，人手不足，地域産業の衰退，社会保障費の増大，気候災害リスク，労働生産性，ジェンダー，多様性への取組等日本社会が抱える多くの課題に立ち向かう上で，SDGs の基本理念や統合的視点が役立つことが認識されつつあることが

示唆される．金銭的価値だけではなく，多様な価値を重視する考え方の広がりとも相まって SDGs も広がっていくものと考えられる．

　一方，SDGs の達成に向けて課題も多く挙げられている．以下，主要な課題 3 点についてそれぞれ現状と今後の展望を述べる．

　1 点目は，SDGs の実施状況のフォローアップ方法の確立である．SDGs の進捗を評価するためには指標が必要であり，国連総会から国連統計委員会に指標検討が要請され，2017 年 7 月に全 244（重複を除くと 232）の指標が採択された．一方，既存の統計データでは捕捉できない指標や，そのままでは活用できない指標の地域化（ローカライゼーション）に関する指摘も多い．先進国の国家レベルでも全ての指標を捕捉することは難しく，途上国におけるデータ収集やフォローアップ体制における能力構築も懸念されている．現在国連統計委員会の関連会合「SDG 指標に関する機関間専門家グループ（IAEG-SDGs）」等において，データの入手可能性や測定手法の開発段階等に応じた指標の階層分類が議論されており，科学的知見に基づく SDGs 進捗評価が可能となるよう指標のローカライゼーションとデータ整備が必要となる（国連統計委員会，2019）．

　2 点目は，SDGs 実施の効果的なガバナンスの構築である．2018 年時点で国家レベル，地方レベルでも様々なガバナンス体制が構築されつつあり，多くの国やセクターでは SDGs の実施にあたり内部の調整機構の確立，ステークホルダー関与の体制づくり，17 ゴールに既存政策をあてはめる試み（マッピング）等を行っている．一方，SDGs を政策の根幹に据える主流化（国家の開発計画や政策・予算全体への SDGs 反映），SDGs の強みとされるゴール間の関係評価に基づく統合的視点での政策形成（複数目標の同時達成のためゴール間のシナジーやトレードオフ効果の扱い），SDGs をもとにした既存政策の評価と反映については取組がはじまったばかりであり，SDGs を導入したからこそ可能となる新規政策はまだ道半ばの状況である．SDGs は各ゴールを個別に考えるのではなく 17 ゴール全ての観点で現在の取組を見直し改善策を検討していくことが重要であり，またこれまでと異なる分野間の連携・パートナーシップによる取組が今後期待されている．このためにはまず，全てのアクターにおける SDGs 自体の認知度を高めつつ，国レベル，地方レベルで先進事例を蓄積し共有することが重要となる．多くの国が

SDGs の主流化を進め，国の政策全体の根幹となる計画や制度・予算への反映を進めつつある中で，日本は SDGs に関する法的枠組みや予算とのリンクが薄く，今後より一層の取組が求められる．

　3 点目は，SDGs 実施を可能とする資金的な整備である．SDGs の達成には少なくとも途上国だけで年間 2.5 兆ドルが必要との試算がある一方（UNCTAD, 2018），政府開発援助（ODA）だけでは毎年約 1400 億ドルである（OECD, 2019）．目標達成には，公的セクターからの適切な資金動員配分と併せ，民間セクターからの資金動員が不可欠とされている．ESG 投資が国際的な広がりを見せており，機関投資家をはじめ ESG を考慮した投資の意思決定が増えつつある．また，日本においてもこれまで CSR の延長でとらえられていた各種の取組が，SDGs と ESG 投資の流れを受けて経営戦略に直結するものとして認識されつつあり，グリーンボンド等の新しい資金オプションも出てきている．このような背景の中で，地域課題に解決するための官民資金の新たな活用が期待されている．

引用文献

一般社団法人日本経済団体連合会（2017）企業行動憲章 実行の手引き（第 7 版）．http://www.keidanren.or.jp/policy/cgcb/tebiki7.html

環境省（2018）環境省 ESG 金融懇談会提言，提言概要資料．http://www.env.go.jp/policy/esg/kinyukondankai.html

環境省　ESD って何だろう？　https://edu.env.go.jp/whatesd.html

グローバル・コンパクト・ネットワーク・ジャパン（2019）　http://www.ungcjn.org/sdgs/index.html

国連統計委員会（2019）IAEG-SDGs—Tier Classification for Global SDG Indicators.　https://unstats.un.org/sdgs/iaeg-sdgs/tier-classification/

持続可能な開発のための 2030 アジェンダ（2015）英語原文 国連ウェブサイト．https://www.un.org/ga/search/view_doc.asp?symbol=A/RES/70/1&Lang=E　日本語仮訳 外務省ウェブサイト．https://www.mofa.go.jp/mofaj/gaiko/oda/sdgs/pdf/000101402.pdf

持続可能な開発目標（SDGs）推進本部（2016）日本 持続可能な開発目標（SDGs）実施指針．https://www.mofa.go.jp/mofaj/gaiko/oda/sdgs/pdf/000252818.pdf

持続可能な開発目標（SDGs）推進本部（2019）https://www.kantei.go.jp/jp/singi/sdgs/

下川町（2018）下川町 SDGs 未来都市計画．

東京大学未来ビジョン研究センター（2019）フューチャー・アース（Future

Earth）．https://www.ir3s.u-tokyo.ac.jp/futureearth/

内閣府地方創生推進事務局（2018） https://www.kantei.go.jp/jp/singi/tiiki/kan kyo/index.html

ニュー・アーバン・アジェンダ The New Urban Agenda（2016）The New Urban Agenda．http://habitat3.org/the-new-urban-agenda/

ニューヨーク市（2018）NYC Leads Global Voluntary Local Review Movement. https://www1.nyc.gov/site/international/programs/voluntary-local-review. page

村上周三（2018）SDGs の取組と自治体の活性化．シンポジウム「地方創生とわたしたちのまちにとっての SDGs」．https://kawakubo-lab.ws.hosei.ac.jp/doc/ 181114_murakami.pdf

メルボルン市（2017）CITY OF MELBOURNE DESKTOP SDG ASSESSMENT. https://sdgs.org.au/project/city-of-melbourne-desktop-sdg-assessment/

GPIF（年金積立金管理運用独立行政法人）（2018）GPIF と世銀グループ，ESG 共同研究の報告書発表

JAIF（Japan-ASEAN Integration Fund）（2018）ASEAN SDGs Frontrunner Cities. https://jaif.asean.org/support/project-brief/asean-sdgs-frontrunner-cities-programme--upgrading-the-asean-esc-model-cities-programme.html

Morita, K., Okitasari, M. and Masuda, H.（2019）Analysis of national and local governance systems to achieve the sustainable development goals: case studies of Japan and Indonesia. Sustainability Science, https://doi. org/10.1007/s11625-019-00739-z

OECD（2018）OECD プロジェクト「持続可能な開発目標（SDGs）への地域的アプローチ：誰も置き去りにしないための都市・地域の役割」への参加募集について．https://www.oecd.org/tokyo/newsroom/a-territorial-approach-to-the -sustainable-development-goals-japanese-version.htm

OECD（2019）Development finance data. https://www.occd.org/dac/financing-sustainable-development/development-finance-data/

SDGs ジャパン（2019）．https://www.sdgs-japan.net/sdgs-1

SDGs 推進本部（2019）SDGs 実施指針改訂版.

Sunam, R., Mishra, R., Okitasari, M., dos Muchangos, L., Franco, I., Kanie, N., Mahat, A. and Suzuki, M.（2018）Implementing the 2030 Agenda in Asia and the Pacific: Insights from Voluntary National Reviews, UNU-IAS Policy Brief No. 14.

UCLG（United Cities and Local Governments）（2018）Towards the Localization of the SDGs. https://www.gold.uclg.org/sites/default/files/Towards_the_ Localization_of_the_SDGs.pdf

UNCTAD（2018）UN launches one stop shop for development finance. https:// unctad.org/en/pages/newsdetails.aspx?OriginalVersionID=1901

UNU-IAS and UNESCAP（2018）Partnering for Sustainable Development -Guidelines for Multi-stakeholder Partnerships to Implement the 2030 Agenda in Asia and the Pacific.

終章　SDGs 時代の環境政策のさらなる展開に向けて

1　SDGs の特徴

　本書の第Ⅰ部では，日本における環境政策の展開について，環境分野ごとに解説した．とりわけ我が国においては，激甚な公害への対処に端を発し，地域の環境問題への対応を中心に展開されてきた．その後環境管理，快適な環境創造に向けた各種政策も導入され，環境政策の受け持つ領域も，より良い環境を求めていくなどその幅を広げていった．その頃から地球環境問題への対応の必要性が叫ばれはじめ，環境政策は地球環境保全，地域環境管理及び自然環境保全を中心として推進されてきた．

　国際社会では，1972 年のストックホルム「国連人間環境会議」に端を発し，持続可能な社会実現を目指す議論がはじまったが，その頃は先進国と途上国の立ち位置に大きな隔たりがあり，「環境と開発」という形での議論が進んでいた．こうした流れは，1992 年のリオ・サミットに向けたプロセスを経て整理がなされていった．リオ・サミットの後，多くの国において持続可能な社会の実現を政策目標に掲げた動きが広がっていった．日本においては，リオ・サミットへの準備と並行して議論が進められた結果，新たに環境基本法を制定し，それまで環境政策が，公害対策基本法と自然環境保全法の2 つの法律体系下において展開されていた政策体系を一本化するとともに，より幅の広い政策手法を導入し，文字通り持続可能な社会実現に向けた政策展開の礎が築かれていった．

　また第Ⅱ部においては，2015 年の国連総会において採択された SDGs の策定に到る背景や，その達成に向けた内外の取組について解説した．2015 年に採択された国連文書「持続可能な開発のための 2030 アジェンダ」は，

その標題を「我々の世界を変革する」としており，その中心に「持続可能な開発目標」（SDGs）を位置付けている．このSDGsは，持続可能な開発を目指し，経済，社会，環境の3側面を真に統合する目標として，世界の全ての国の総意で決定された．1972年のストックホルム国連会議から40年以上の長年にわたって続けられてきた「持続可能な開発」を巡る議論の集大成ともいえる．

　ここでSDGsの主な特徴を次のとおり整理してみた（小林，2019）．

　はじめにSDGsは，人類社会が目指すべきあらゆる価値について言及する包括的な目標であり，「誰一人取り残さない」（No one being left behind）との基本姿勢の下に設定されている．またSDGsは，先進国も途上国も等しくその実現を目指す普遍的な目標となっており，「世界共通の言語」としても扱われていることから，途上国との協力において共通の出発点に立った議論が可能になったといえる．今後の環境開発協力においては先進国と途上国が相互に知恵を出しあい解決策を導いていくコ・イノベーションの方向が今後ますます重要になってくると考えられる．

　次にそれぞれのゴールは，望ましい目標として提示されており，達成可能性を厳密に吟味して決定していくボトムアップ方式を採用していない．このため，目標に向けた対応策もバックキャスティングで考えることができる．また各国や各地域によってそれぞれの事情を考慮して独自の目標や指標などの設定ができ，各国の事情が反映されることが可能になっている．こうしたアプローチにより，民間セクターにおいても比較的目標を掲げやすいことから，SDGs達成に向け，積極的なコミットメントを明らかにする企業及び企業団体が躍進する機運が高まってきている．

　また，ある目標達成に向けた取組は，他の目標達成にも資することから，それぞれの目標に対する取組は相互に関連しており，相乗効果（Synergy）が期待される．「2030アジェンダ」では，「全ての目標及びターゲットは，統合され不可分のもの」とされており，とりわけこれら目標達成に向けた取組については常に複眼的なものの見方が求められる点において，今後の政策展開において重要な示唆を与えているものと思われる．一方ある目標達成のために講じようとする施策や取組は，場合によっては他の目標達成には逆向きの効果（trade-off）がもたらされることもあることから，こうしたトレー

ドオフを解消することも視野に入れて取り組まなければならない．このため日本においては，SDGs の達成を全ての行政の目標として位置付けていくことにより，各省の縦割り行政の弊害を取り除いていくことに繋がっていくことになれば，まさに社会を変革する重要な政策ツールとしての役割を果たしていけるものと期待されている．

さらに，全ての SDGs 達成のためには，幅広いステークホルダーの参加が不可欠であることが強く国際社会に認識された．今や行政の全ての分野の政策の立案・実施においてステークホルダーの参画が不可欠となっている．一方ステークホルダー側においては，環境政策の立案・実施にあたりどのように貢献していくことが可能か先進事例の共有などを通じてその実績を示していくことが求められる．

上述したとおり，SDGs を我が国の全ての分野における上位の行政目標として位置付けていくことが今後，持続可能な社会を実現していく上で必要である．

2　SDGs 時代の環境政策のあり方

こうした認識の下，上述の SDGs 達成に向けどのような環境政策を展開すべきかという方向性についてさらに議論していく．

(1) 国際的環境問題への対応と国内の環境政策の強化

近年の環境問題は国境を越え広域的な対応が不可欠となっている．とりわけ大陸からの影響が顕在化している酸性雨の問題や $PM_{2.5}$ に見られるとおり，越境環境汚染対策には国際的連携が必須となっている．また海洋プラスチック汚染問題に見られるとおり，汚染原因の究明により多国間の協力なしには全面的解決への道は開けていかない．汚染物質は大気や水，あるいは生物といった媒体を介して地球規模で移動することから，その対応も地球規模のものとならざるを得ない．さらに製品の生産拠点やサプライチェーンがグローバルに展開されている今日，環境政策が国際的に協調されたものでなければ，汚染発生源が特定の国や地域に集中するような事態を招きかねない．化学物質を例にとれば，日々新たな化学物質が生産される中で，こうした物質に対

するリスクの評価と管理を国際的に協調して進めていくことは，各国にとっても効率的かつ効果的である．

　もとより気候変動問題への対応については，長年の国際交渉の積み上げの結果，全ての国の参加による対策実施の道筋がようやく整ってきている．SDGsは，先進国にも途上国にも適用されるグローバルな目標として，また世界共通の言語として国際合意を見たところであり，この目標の達成に向けた取組みが世界各地において加速している．

　こうした状況の下，当該環境問題の国際的動向や国際社会における対応状況の最新情報を見極めつつ，国内の環境政策の強化を図っていくことが不可欠である．

　あわせて，国内の環境政策の実施を踏まえ，国際社会に貢献していくことも重要である．例えば我が国は，循環型社会の形成に向け，1960年代より，廃棄物の適正管理やリサイクルの推進を見据え，処理場確保の困難性や資源の有効利用という観点から循環型社会形成基本法の制定，各種リサイクル法の整備，基本計画の策定，物質フローに基づく目標設定とその達成に向けた国内的な取組を積み重ねてきた．こうした実績を踏まえ，3Rイニシアティブを掲げてG8サミット・プロセスやOECD，UNEP，バーゼル条約下での国際的な取組にも貢献するとともに，国際社会からのフィードバックを梃子にして，国内の取組をさらに進展していった．このように国内政策の充実を踏まえ，日本から国際社会への働きかけが活発になされることにより，国際社会における更なる取組にもつながるメカニズムが醸成された（図1）．したがって今後我が国は，世界的視野に立ち，国内政策の充実を図るとともに，こうした国内政策を基盤として国際社会に貢献していくことが求められている．

　また日本における環境問題の解決にあたっては，国のみならず地方公共団体や民間企業等の尽力によるところが大きい．こうした知見や経験を深刻な環境汚染問題に直面している途上国との協力に活かしていくことが必要である（環境省，2017）．とりわけ地方公共団体や民間企業が培った技術やノウハウを途上国のカウンターパートと共有しつつ現地のニーズに即し，その国ならではの対応策を編み出していく（いわゆる「コ・イノベーション」）という考えの下，将来の途上国との協力を一層発展させ，環境開発協力を進める

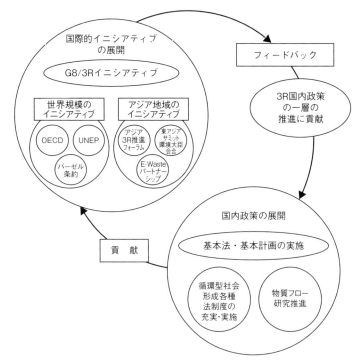

図1　3R イニシアティブの国際展開と国内政策展開の相互作用（竹本，2013）

ことが肝要である（環境省，2018）．近年途上国においては，SDGs 達成のための取組を加速させており，先進国で蓄積された知見の共有や協力対象国との協働による取組の必要性が高まっている．日本は「SDGs 推進実施指針」（2019 年改訂）においても，国内的取組及び国際的協力の両面からの対応を明記しており，この分野において日本はこれまでの経験を踏まえ，国際社会への貢献ができるものと考えられる．

（2）環境政策の主流化

　環境政策にとって大きな転換点となったのは「持続可能な開発」概念の登場である．1992 年のリオ・サミットが国際社会，また日本社会にとっての大きな転換点となった．元来国際社会において環境保全と開発は相対峙する概念として議論されてきたが，開発に対する環境配慮から環境と開発の両立を経て，リオ・サミットを契機に「持続可能な開発」という文脈で，ようや

く環境と経済の統合が幅広く議論されるようになった.

　こうした流れの中で, 持続可能な社会の構築にあたっては, 環境, 経済, 社会の 3 つの側面から統合的に対応することの重要性が認識されるようになってきた. 例えば気候変動がもたらす被害リスクの増大を踏まえ, 気候変動対策はそれ単体で扱われるのではなく, エネルギーや農業等様々な分野の中で主流化することが重視され, これまでと比べより広い文脈で議論が行われるようになってきた. 同時に環境分野は, 国際政治全体の中でも主要課題の一つとして重視されるようになってきた. これは G7 や世界経済フォーラムといった, 主要国のリーダー間の会議でのアジェンダ設定にも見てとることができる.

　SDGs という世界全体の問題解決の方向性が示されたことで, 環境問題も含む政策全体の括り直しが必要とされている. 各国は国際合意のもとで国内における SDGs 主流化の対応を次々と進めており, 例えば国家発展の要に SDGs を位置付けたり, 国家予算の配分における物差しとして世界共通言語である SDGs を用いる国が出てきている. とりわけ途上国においては, SDGs を国家政策の目標として位置付けることにより, これまで十分に果たせてこなかった環境・社会の次元を開発の中に組み込むことにより, 国家として安全な方向性を確保できることをメリットとしてとらえている. このため SDGs の国連での採択を契機に, すでに国家政策全体における各政策の優先順位が変わり, また政策分野自体が再編成されてきている. 日本では SDGs に関する推進本部設置や実施指針策定, 環境基本計画への反映など主流化が進められており, この流れの中で環境政策の更なる進化が問われている.

　SDGs がもたらす環境政策への影響には, 様々なものが考えられる. 大きなポイントとしては, 他政策との統合（環境問題解決とのマルチベネフィット）が挙げられる. これまで環境政策の対象の範囲外と見なされていた政策分野との連携が必要とされている. 例えば, 度重なる気候関連災害を受けて, これまで「防災」政策として扱われていた政策は気候変動への適応策としての視点が必要となっている. SDGs でいえばゴール 11（都市）とゴール 13（気候変動）の両方に貢献するような対応策が必要とされることになる. また「福祉」政策として扱われていた人々の健康や子ども・子育て支援の分野

では，例えば子ども食堂などにおいてフードロスの文脈で環境政策との連携もはじまっている．SDGs でいえばゴール 1（貧困），ゴール 3（健康），ゴール 12（持続可能な生産と消費）といった複数ゴールへの対応策といえる．このように SDGs は環境政策の対象範囲を革新的に広げており，今後もこうした方向に沿った一層の政策展開が期待されている．

(3)　持続可能な開発のためのファイナンス

2015 年の「パリ協定」の世界合意の成功要因の一つとして金融界の国際的動向が挙げられる．2015 年，G20 の要請を受け「金融安定理事会」（Financial Stability Board; FSB）が「気候関連財務情報開示タスクフォース」（Task Force on Climate-related Financial Disclosures; TCFD）を設立し，気候関連のリスクと機会を適切に評価するために，投資家，貸手，保険会社が必要とする情報を開示するよう指示した．このことは，企業経営層が将来のリスクを避ける意味においても，国際合意の必要性を各国の交渉団に対し強く求めていく根拠を与えたものとなっていた．

またその後 TCFD は，2017 年に最終報告として「勧告」を取りまとめた．「パリ協定」を地球規模で実施していく上で，民間企業の積極的行動が不可欠であるが，これを金融界が後押しする構図となっている．TCFD は，画一的・形式的な情報開示の枠組みではなく，金融セクター，非金融セクターを問わず，企業に対し気候変動に適切に対応するためのガバナンス態勢を整備し，どのような事業戦略を立てて，いかにリスク・機会を管理し，どのような指標・目標を設定しているかについての自主的な開示を求めている．日本においても TCFD 提言に賛同する企業が増加しており，企業の効果的な情報開示や，開示された情報を金融機関等の適切な投資判断に繋げるための取組について議論するため 2019 年 5 月に「TCFD コンソーシアム」が設立され，その推進に拍車がかかっている．

さらに「責任投資原則」（Principles for Responsible Investment; PRI）（2006 年 4 月）の果たす役割が注目を集めている．PRI は，投融資等の判断にあたり企業の持続的成長力やリスク等に影響を及ぼす ESG（環境，社会，ガバナンス）要素や非財務情報等を考慮することを提唱しており，とりわけ近年，この原則に賛同する機関投資家が世界的に拡大しつつある．こうした

国際的動向に連動し，日本においても PRI への署名投資機関が急激に増加している．PRI は気候変動分野をはじめとする様々な取組を対象としており，2019 年には PRI に署名した 500 の投資家等が連名で，パリ協定の目的に沿うよう 2020 年までに各国の温室効果ガス排出の削減目標（NDC）を引き上げるよう要請を行うなど，この分野の推進機能としての役割が目覚ましくなっている．

　かつて環境対応はコストという意識が強くあったが，上述の ESG 金融の動向に見られるとおり近年は，環境対策に適切に取り組む企業の姿勢が投資家から評価されることにより，企業価値が高まり，結果的に競争力強化につながっており，環境政策を推進していく上で良好な下地ができつつあるといえる．

　こうした金融界の動向は，地方創生推進の上で，今後 SDGs を主流化していく観点からも ESG 投資の更なる推進にあたって極めて重要な役割を果たしていくことが期待されている．

(4) パートナーシップの活性化

　「2030 アジェンダ」及び SDGs は，世界的な共通言語であり，これを契機にパートナーシップとしてのステークホルダー間の連携が強調されている．パートナーシップは SDGs のゴール 17 として掲げられているが，全てのゴール達成に必要不可欠なものとして特別な文脈で位置付けられている．国連の「ハイレベル政治フォーラム」（HLPF）においてゴールごとの実施状況レビューを行う際にも，パートナーシップのゴールだけは毎年レビューを行うこととなっている．「2030 アジェンダ」採択過程において市民社会，企業，地方公共団体，研究機関など様々なアクターが果たした役割は大きく，パートナーシップは今後とも環境政策の推進にとっても重要な鍵となる．

　市民活動については，環境政策との関連が切り離せないものとして存在してきた．1960 年代の公害問題への対処をはじめ，市民社会における環境活動は様々な形で進展してきた．大気汚染，水質汚濁といった公害問題から廃棄物対策に至るまで，市民環境活動は日本の環境問題の歴史の中で大きな影響を与えてきた．その後，1992 年のリオ・サミットを受けた社会変革に向けて，市民社会の動き，特に環境 NGO の活動は更に加速され，活躍の場が

広がってきた．例えば気候変動分野での環境 NGO の動きは著しい．1997 年京都での COP3 において，日本の環境 NGO は大きな役割を果たした．国際的にも気候変動分野での環境 NGO の果たす役割は大きく，世界自然保護基金（World Wide Fund for Nature; WWF）や気候行動ネットワーク（Climate Action Network; CAN）等は COP をはじめとする国連気候変動交渉に毎回参加し，市民社会としての意見を発信している．また，国際持続可能開発研究所（International Institute for Sustainable Development; IISD）は，「地球交渉速報」（Earth Negotiations Bulletin）として交渉の様子を整理した速報を国際会議場やインターネット上で配信することにより，交渉に影響を与えるなど大きな力となってきた．

　民間セクターもパートナーシップの中で重要な役割を果たす．長期的投資の一環としての ESG 投資の推進等，民間企業が主体となった SDGs の達成，環境課題の解決が図られつつある．これまで「環境」と「経済」が対立するような構図で議論されてきたこともあったが，現在環境問題も含む SDGs は，企業にとって CSR の概念から大きく飛躍し，長期的視点での経営戦略に直結する課題として，経営層に認識されつつある．例えば気候変動の分野では，日本において「気候変動イニシアティブ」（Japan Climate Initiative; JCI）が発足し，パリ協定の目標達成のために，企業や地方公共団体等様々な関係者が連携して日本と世界の脱炭素化を促進する動きが見られる．

　また地方公共団体は，SDGs 実施の現場として，今後の政策の要となる場と言える．日本でも公害問題への対応は地方公共団体において先駆けて行われてきており，国の法律よりも更に強い環境汚染対策を求める条例（いわゆる「上乗せ条例」）が制定されてきた．気候変動の分野でも，「地方政府連合」（Local Governments and Municipal Authorities; LGMA）といった形で地方政府の団体が声明を発表したり，気候変動に取り組む世界中の大都市のネットワークである C40 のように都市間協力が生まれる等の活動が活発化している．また日本では，2018 年地方創生推進の視点から「SDGs 未来都市」が選定され，その中でも様々なパートナーシップのあり方が生まれている．例えば北海道・下川町のように行政発ではなく市民が主導するプロジェクト形成に向けた枠組みづくりや，民間企業との連携による新たなプロジェクト形成が進められている．このように，SDGs を共通言語として，これま

での行政組織のあり方を飛び越え国際的にも連携できる可能性が生まれている.

　パートナーシップは, これまでに交流が少なかったセクター間の議論を加速させる. これは, 環境政策の中で議論されてきたリスクコミュニケーションにも貢献しうる. これまで環境問題のリスク等が専門家の間で議論されてきたものの, 一般市民が影響を理解し, 政策を支持するにあたっては, 全てのセクターで共有されることが重要となっている. SDGs を契機として, その達成に向けたガバナンス (組織等のあり方) 構築が重視されつつあり, ステークホルダー関与の体制づくりがはじまっている. その中で, SDGs の強みである複数目標の同時達成のためのゴール間のシナジー等, 「統合的」視点での政策形成が求められており, パートナーシップはそれを進める起爆剤となる. SDGs をきっかけに異なる分野間の連携・パートナーシップによる取組が今後期待されている.

(5) 長期的な視点と科学的知見

　気候変動問題に代表されるように, 現在, 我々が直面している環境問題の多くが 100 年単位のスパンで長期にわたって影響が生じるものである. 一方で, これを緩和するための行動には直ちに取り組むことが求められる. このため, 長期的な視点に立った環境政策の立案が必要となっている. 物事の判断においては短期的な損得勘定がともすれば優先されがちであるが, 環境対策への投資が中長期的には経済合理性にかなうことは日本が経験した公害問題の教訓でもある. 特に, インフラストラクチャーの建設は長期にわたって資産が固定されることから, より長期的な視点が求められる. 長期的な視点を欠いた投資判断は, その後の情勢の変化により当初の見込み通りの資金回収が困難になる座礁資産 (Stranded Asset) を生みかねない. その意味では, 長期にわたるシナリオを描き, 望ましい将来を見定めた上で, これを達成するために現時点で何が必要かを導き出す, バックキャスティングと呼ばれる手法が今後より重要となる.

　同時に長期的な視点を確保する上で, 科学的な知見が不可欠である. 環境政策は, 現象の解明やモニタリング, リスクの評価, 対策技術の開発・普及など科学的な知見の積み重ねの上に発展してきた. この点は, 今後も変わる

ことはないであろう．これに関連して，地球規模の問題に対し科学的な知見を提供するグローバルな枠組みとして，IPCC や IPBES が果たしてきた役割は大きい．資源循環の分野においても，UNEP により「国際資源パネル」（International Resource Panel; IRP）が設置され，累次にわたり評価報告書が発表されている．これらの枠組みの下に世界各国から推薦された科学者や専門家が議論を深化させ最新の科学的知見を定期的に公表するプロセスが確立されたことにより，環境政策の基盤はより強固なものとなった．長期的な問題では，科学的知見において不確実性が伴うことはやむを得ないが，IPCC や IPBES の評価報告書では，情報の信頼度についても記載されるようになってきており，地球環境の悪化と早期の対策の重要性は十分な信頼度で指摘されている．近年，最新の科学的な知見を理解し，これに基づいて環境政策を立案する必要性が一層高まっている．

引用文献

環境省（2017）環境インフラ海外展開基本戦略．https://www.env.go.jp/press/files/jp/106520.pdf

環境省（2018）気候変動緩和策に関する国際協力ビジョン．https://www.env.go.jp/council/06earth/y0618-22b/mat02.pdf

小林光（2019）環境政策の理念の進化と SDGs の意義．Bio city, 78: 2-9.

竹本和彦（2013）途上国における持続可能な社会実現に向けた国際環境協力のあり方．東京大学博士論文．

年 表 国際社会の動向と環境政策の展開

年 (西暦)	社会の動向		環境政策の展開	
	世界	日本	国際	日本
1950 年代	• 朝鮮戦争（1950-53） • ベトナム戦争（1955-75） • 欧州経済共同体 EEC 成立（1957） • ソ連初の人工衛星打ち上げに成功（1957）	• サンフランシスコ講和条約，平和条約調印（1951） • テレビ放送開始（1953） • 日本の国連加盟（1956） • 東京タワー(1958)		• 自然公園法制定（1957） • 全国各地で公害問題が発生
1960 年代	• OPEC 結成（1960） • 人類初の有人宇宙飛行（1961） • ケネディ大統領暗殺（1963）	• 日米安全保障条約（1960） • 第一次佐藤内閣発足（1964） • 東京五輪（1964） • 東海道新幹線開通（1964）		
1967	• 中東危機	• 人口が 1 億人を超える		• 公害対策基本法制定
1968	• キング牧師暗殺	• 東大安田講堂攻防		• 大気汚染防止法制定
1970		• いざなぎ景気 • 大阪万国博覧会開催		• 公害国会 水質汚濁防止法，廃棄物処理法制定（12 月）
1971	• ニクソンショック			• 環境庁設立（7 月）
1972		• 札幌冬季オリンピック開催 • 沖縄返還	• ローマクラブ「成長の限界」発表（2月） • 国連人間環境会議（ストックホルム，6月）	• 自然環境保全法制定
1973	• 第四次中東戦争 • ベトナム和平協定調印	• 第一次オイルショック（11 月）	• 国連環境計画（UNEP）の設立（3月）	• 公害健康被害補償法制定（10 月）
1975	• ベトナム戦争終結	• 山陽新幹線開通		
1976			• OECD 日本環境政策レヴュー特別会合（東京，11 月）	
1977				• 快適環境懇談会(1月)

年 (西暦)	社会の動向		環境政策の展開	
	世界	日本	国際	日本
1979	• サッチャー英首相就任	• 第二次オイルショック		
1980	• イラン・イラク戦争			
1982		• 東北新幹線，上越新幹線開通	• UNEP 管理理事会特別会合（5月）	
1984				• 「環境影響評価の実施について」閣議決定（8月）
1985	• プラザ合意	• 青函海底トンネル完成	• オゾン層保護ウィーン条約採択	
1986	• チェルノブイリ原子力発電所事故			
1987	• ニューヨーク市場株価大暴落（ブラックマンデー）	• 国鉄分割民営化，JR 各社発足	• ブルントラント委員会最終報告書発表 • モントリオール議定書採択	• 公害健康被害補償法改正（9月）
1988		• 瀬戸大橋開通	• IPCC 発足（11月）	• オゾン層保護法制定（5月）
1989	• 天安門事件 • ベルリンの壁崩壊 • マルタ会談	• 平成に改元 • 消費税導入	• G7 アルシュ・サミット（7月）	• 地球環境関係閣僚会議発足（6月）
1990		• バブル崩壊		• 環境庁地球環境部設立（7月） • 「地球温暖化防止行動計画」決定（10月）
1992			• 気候変動枠組条約の採択（5月） • 生物多様性条約の採択（5月） • リオ・サミット開催（6月）	• 種の保存法制定 • 自動車 NOx 法制定（6月）
1993		• 非自民連立政権樹立		• 環境基本法の制定（11月）
1994	• 北米自由貿易協定（NAFTA）発効 • ユーロトンネルが開通		• 砂漠化対処条約の採択	• 「環境基本計画」閣議決定（12月）

年 (西暦)	社会の動向		環境政策の展開	
	世界	日本	国際	日本
1995	• WTO「関税と貿易に関する一般協定」(GATT) 発足	• 阪神・淡路大震災 • 地下鉄サリン事件		
1997	• 香港，中国に返還		• 気候変動枠組条約COP3 (京都, 12月)	• 環境影響評価法制定 (6月)
1998		• 長野冬季オリンピック開催		• 地球温暖化対策推進法制定 (10月)
1999	• EU加盟の単一通貨「ユーロ」誕生			• 化学物質排出把握管理促進法制定 (7月) • ダイオキシン類対策特別措置法制定(7月)
2000		• 三宅島噴火	• 国連ミレニアムサミット開催 (9月)	• 循環型社会形成推進基本法等循環関係法6本制定 (6月)
2001	• 米ブッシュ政権(1月) • アメリカ同時多発テロ	• 中央省庁再編	• 残留性有機汚染物質ストックホルム条約の採択 (5月)	• 環境省設立 (1月) • 自動車NOx・PM法改正 (6月) • PCB廃棄物処理特措法制定
2002		• 日韓サッカーW杯開催	• ヨハネスブルク・サミット開催 (9月)	• 土壌汚染対策法制定 (5月) • 京都議定書締結(6月)
2004				• 外来生物法制定
2005		• 郵政民営化法成立	• 国連持続可能な開発のための教育の10年開始 • 京都議定書発効(2月)	
2008	• 米国リーマンブラザーズ経営破たん(9月)	• 洞爺湖サミット開催		• 生物多様性基本法制定 (5月)
2009	• 米オバマ政権 (1月)	• 民主党，政権交代		
2010			• 生物多様性条約COP10 (名古屋, 10月) • 名古屋議定書の採択 (10月)	

年 (西暦)	社会の動向		環境政策の展開	
	世界	日本	国際	日本
2011		• 東日本大震災（3月） • 東京電力福島第一原子力発電所事故		• 放射性物質汚染対処特別措置法制定(8月)
2012		• 東京スカイツリー開業	• リオ＋20 の開催（6月）	
2014				• 水循環基本法制定（4月）
2015	• 米国とキューバの国交回復		• 2030 アジェンダ・SDGs の採択（9月） • パリ協定の採択（12月）	
2016		• 熊本地震	• パリ協定発効（11月）	• SDGs 推進本部発足（5月） • SDGs 実施指針策定（12月）
2017	• 米トランプ政権(1月)			
2018		• 平成 30 年 7 月豪雨（7月）		• 第五次環境基本計画閣議決定（SDGs・パリ協定の反映，4月） • SDGs 未来都市選定（第一次，6月）
2019		• 令和に改元 • 令和元年台風 15号（9月） • 令和元年台風 19号（10月）	• SDG サミット（9月） • 気候行動サミット（9月）	• SDGs 未来都市選定（第二次，6月）

略語表

略語	英文名称	和文名称
ABS	Access and Benefit Sharing	アクセスと利益配分
ADI	Acceptable Daily Intake	1日許容摂取量
APFSD	Asia-Pacific Forum on Sustainable Development	持続可能な開発に関するアジア太平洋フォーラム
APRCEM	Asia Pacific Regional CSO Engagement Mechanism	アジア太平洋地域 CSO エンゲージメントメカニズム
ASGM	Artisanal and Small-scale Gold Mining	零細及び小規模な金採掘
BAT	Best Available Techniques	利用可能な最良の技術
BAU	Buisiness As Usual	自然体ケース
BEP	Best Environmental Practices	環境保全のための最良の対策
BOD	Biochemical Oxygen Demand	生物化学的酸素要求量
CBD	Convention on Biological Diversity	生物多様性条約
CCS	Carbon dioxide Capture and Storage	二酸化炭素回収・貯留技術
CCUS	Carbon dioxide Capture, Utilization and Storage	二酸化炭素回収・有効活用・貯留技術
CDM	Clean Development Mechanism	クリーン開発メカニズム
CFCs	Chlorofluorocarbons	クロロフルオロカーボン類
COD	Chemical Oxygen Demand	化学的酸素要求量
COP	Conference of the Parties	締約国会議
CSR	Corporate Social Responsibility	企業の社会的責任
CTCN	Climate Technology Centre & Network	気候技術センター・ネットワーク
ECOSOC	United Nations Economic and Social Council	国連経済社会理事会
EPR	Extended Producer Responsibility	拡大生産者責任
ESCAP	United Nations Economic and Social Commission for Asia and the Pacific	国連アジア太平洋経済社会委員会
ESD	Education for Sustainable Development	持続可能な開発のための教育
ESG	Environmental, Social, Governance	環境，社会，コーポレートガバナンス
FIT	Feed-in Tariff	固定価格買取制度
FSB	Financial Stability Board	金融安定理事会
GAP	Global Action Programme	ESD に関するグローバル・アクション・プログラム
GBO	Global Biodiversity Outlook	地球規模生物多様性概況
GCF	Green Climate Fund	緑の気候基金
GEFw	Global Envionment Facility	地球環境ファシリティ
GLP	Good Laboratory Practice	優良試験所基準
GPIF	Government Pension Investment Fund	年金積立金管理運用独立行政法人
GSDR	The Global Sustainable Development Report	グローバル持続可能開発報告書
GWP	Global Warming Potential	地球温暖化係数
HCFCs	Hydrochlorofluorocarbons	ハイドロクロロフルオロカーボン類
HFCs	Hydrofluorocarbons	ハイドロフルオロカーボン類
HLPF	High Level Political Forum on Sustainable Development	持続可能な開発に関するハイレベル政治フォーラム

略語	英文名称	和文名称
IAEG-SDGs	Inter-Agency and Expert Group on SDG Indicators	SDGs 指標に関する機関間専門家グループ
IARC	International Agency for Research on Cancer	国際がん研究機関
IBRD	International Bank for Reconstruction and Development	国際復興開発銀行
ICCM	International Conference on Chemicals Management	国際化学物質管理会議
IDA	International Development Association	国際開発協会
ILEC	International Lake Environment Committee Foundation	国際湖沼環境委員会
INDC	Intended Nationally Determined Contributions	約束草案
IPBES	Inter-governmental Science-policy Platform on Biodiversity and Ecosystem Services	生物多様性と生態系サービスに関する政府間科学政策プラットフォーム
IPCC	Intergovernmental Panel on Climate Change	気候変動に関する政府間パネル
IPSI	International Partnership for the Satoyama Initiative	SATOYAMA イニシアティブ国際パートナーシップ
IRP	International Resource Panel	国際資源パネル
IUCN	International Union for Conservation of Nature	国際自然保護連合
JCI	Japan Climate Initiative	気候変動イニシアティブ
JCLP	Japan Climate Leader's Partnership	日本気候リーダーズ・パートナーシップ
JCM	Joint Crediting Mechanism	二国間クレジット制度
LD$_{50}$	Lethal Dose 50	50%の被検動物が死亡する用量
LGMA	Local Governments and Municipal Authorities	地方政府連合
LIDAR	LIght Detection And Ranging	ライダー
LOAEL	Lowest Observed Adverse Effect Level	最小毒性量
MAD	Mutual Acceptance of Data	データ相互受入れ
MDB	Multilateral Development Bank	多国間開発銀行
MDGs	Millennium Development Goals	ミレニアム開発目標
MRV	Measurement, Reporting and Verification	測定・報告・検証
MSDS	Material Safety Data Sheet	安全データシート
NAMA	Nationally Appropriate Mitigation Actions	削減行動
NCP	Nature's Contributions to People	自然が人にもたらすもの
NEAP	National Environment Action Plan	国家環境行動計画
NOAEL	No Observed Adverse Effect Level	無毒性量
ODA	Official Development Assistance	政府開発援助
OECD	The Organisation for Economic Co-operation and Development	経済協力開発機構
OECM	Other Effective area-based Conservation Measures	その他の効果的な地域をベースとする手段
OWG	Open Working Group	公開作業部会
PCB	Polychlorinated Biphenyl	ポリ塩化ビフェニル

略語	英文名称	和文名称
PIC	Prior Informed Consent	事前通報・同意手続
PM	Particulate Matter	粒子状物質
POPs	Persistent Organic Pollutants	残留性有機汚染物質
PPP	Polluter Pays Principle	汚染者負担の原則
PRI	Principles for Responsible Investment	国連責任投資原則
PRTR	Pollutant Release and Transfer Register	化学物質排出移動量届出制度
REDD	Reducing Emissions from Deforestation and Forest Degradation	森林減少及び劣化に由来する排出量の削減
RPS	Renewables Portfolio Standard	再生可能エネルギー利用割合基準
SAICM	Strategic Approach to International Chemicals Management	国際的な化学物質管理のための戦略的アプローチ
SCP	Sustainable Consumption and Production	持続可能な生産と消費
SDGs	Sustainable Development Goals	持続可能な開発目標
SDS	Safety Data Sheet	安全データシート
SDSN	Sustainable Development Solution's Network	持続可能な開発ソリューションネットワーク
SEPLS	Socio-Ecological Production Landscapes and Seascapes	社会生態学的生産ランドスケープ・シースケープ
SPM	Suspended Particulate Matter	浮遊粒子状物質
TCFD	Taskforce on Climate-related Financial Disclosures	気候関連財務情報開示タスクフォース
TDI	Tolerable Daily Intake	耐容1日摂取量
TEMM	Tripartite Environment Ministers Meeting	日中韓三ヵ国環境大臣会合
TEQ	Toxic Equivalent Quantity	毒性等量
UCLG	United Cities and Local Governments	都市・自治体連合
UNCED	United Nations Conference on Environment and Development	環境と開発に関する国連会議
UNCSD	United Nations Commission on Sustainable Development	持続可能な開発国連委員会
UNEA	United Nations Environment Assembly	国連環境総会
UNEP	United Nations Environment Programme	国連環境計画
UNESCO	United Nations Educational, Scientific and Cultural Organization	ユネスコ，国連教育科学文化機関
UNFCCC	United Nations Framework Convention on Climate Change	気候変動枠組条約
VNR	Voluntary National Reviews	自発的国家レビュー
VOC	Volatile Organic Compounds	揮発性有機化合物
WBCSD	World Business Council for Sustainable Development	持続可能な開発のための世界経済人会議
WCED	World Commission on Environment and Development	環境と開発に関する世界委員会
WMO	World Meteorological Organization	世界気象機関
WSSD	World Summit on Sustainable Development	持続可能な開発に関する世界首脳会議

参考図書

序章・全般
- 大塚直（2010）『環境法（第3版）』有斐閣.
- 西尾哲茂（2017）『わかーる環境法』信山社.
- 鷺坂長美（2017）『環境法の冒険——放射性物質汚染対応から地球温暖化対策までの立法現場から』清水弘文堂書房.
- 松下和夫（2007）『環境政策学のすすめ』丸善.
- 橋本道夫（1999）『公務員研修双書 環境政策』ぎょうせい.

第1章
- 川上智規（2012）『大気環境工学』コロナ社.
- 環境保全対策研究会編集（2001）『二訂・大気汚染対策の基礎知識』産業環境管理協会.

第2章
- 花木啓祐（2004）『環境学入門10 都市環境論』岩波書店.

第3章
- 南川秀樹編著（2018）『廃棄物行政概論』一般財団法人日本環境衛生センター.
- 小宮山宏・武内和彦・住明正・花木啓祐・三村信男編（2010）『サステイナビリティ学3 資源利用と循環型社会』東京大学出版会.

第4章
- 田邊敏明（1999）『地球温暖化と環境外交——京都会議の攻防とその後の展開』時事通信社.
- 浜中裕徳編（2006）『京都議定書をめぐる国際交渉——COP3以降の交渉経緯』慶應義塾大学出版会.
- 小宮山宏・武内和彦・住明正・花木啓祐・三村信男編（2010）『サステイナビリティ学2 気候変動と低炭素社会』東京大学出版会.

第5章
- 日本環境化学会編集（2019）『地球をめぐる不都合な物質——拡散する化学物質がもたらすもの』，ブルーバックス，講談社.

第6章
- 武内和彦・渡辺綱男編（2014）『日本の自然環境政策——自然共生社会をつくる』東京大学出版会.

第 7 章・第 8 章

- 蟹江憲史（2017）『持続可能な開発目標とは何か——2030 年へ向けた変革のアジェンダ』ミネルヴァ書房.
- Think the Earth 編著，蟹江憲史監修（2018）『未来を変える目標 SDGs アイデアブック』紀伊國屋書店.
- 村上周三・遠藤健太郎・藤野純一・佐藤真久・馬奈木俊介（2019）『SDGs の実践——自治体・地域活性化編』事業構想大学院大学出版部.

索 引

編者・執筆者紹介

編著者

竹本和彦（たけもと・かずひこ）

東京大学未来ビジョン研究センター 特任教授，国連大学サステイナビリティ高等研究所
上級客員教授，一般社団法人海外環境協力センター（OECC）理事長

1951年生まれ．東京大学工学部卒業．博士（工学）．環境庁で地球環境研究調査室長など，
環境省設立後は参事官，環境管理局長，地球環境審議官などを経て，2014年より2019年
12月まで国連大学サステイナビリティ高等研究所所長．
地球温暖化防止京都会議（COP3）議長補佐（1997年），第18回国連持続可能開発委員会
（CSD18）共同議長（2010年），生物多様性条約第10回締約国会議（CBD/COP10）の議
長代行（2010年）などを務める．
主要著書：『地球環境とアジア（岩波講座地球環境学2）』（分担執筆，1999，岩波書店），
『低炭素都市——これからのまちづくり（東大まちづくり大学院シリーズ）』（分担執筆，
2010，学芸出版社）ほか．
担当：序章，2章，7章，終章

執筆者

瀧口博明（たきぐち・ひろあき）

国連大学サステイナビリティ高等研究所 プロジェクトディレクター

1964年生まれ．東京大学大学院工学系研究科修了，博士（工学）．環境省水・大気環境局
大気環境課長，同環境保健部環境安全課長を経て，2018年より現職．
大気汚染対策や化学物質対策，地球温暖化対策などの環境政策に従事，現在は，持続可能
な開発のための教育や自然環境保全のプロジェクトを担当．
著書：『環境システム工学——循環型社会のためのライフサイクルアセスメント』（分担執
筆，東京大学出版会，2004年），『エントロピーアセスメント入門』（分担執筆，オーム社，
1998年）．
担当：1章，3章，4章，5章，6章，終章

田中英二（たなか・えいじ）

環境省自然環境局自然環境計画課 生物多様性国際企画官

1972年生まれ．東京大学大学院理学系研究科修了，理学修士．在ケニア日本国大使館一
等書記官，国連環境計画（UNEP）常駐代表委員会副議長（2010-2011年），環境省地球環
境局国際連携課課長補佐，国連大学サステイナビリティ高等研究所SATOYAMAイニシ

アティブコーディネーターなどを経て，2019 年より現職.
これまで地球環境保全，自然環境保全などの環境政策に従事，現在は生物多様性関連の政
策立案などを担当.
担当：6 章

増田大美（ますだ・ひろみ）

国連大学サステイナビリティ高等研究所　プログラムコーディネーター

1981 年生まれ．ロンドン大学 London School of Economics 修士，ケンブリッジ大学修士
（地域都市計画学）．環境省地球環境局国際地球温暖化対策室地球環境問題交渉官などを経
て，2018 年より現職.
これまでパリ協定の国際交渉など地球温暖化対策や建築物・まちづくり関係政策に従事，
現在は SDGs，持続可能な開発のためのガバナンスや教育のプロジェクトを担当.
担当：序章，4 章，8 章，終章

環境政策論講義——SDGs 達成に向けて

2020 年 2 月 10 日　初　版

［検印廃止］

編　者　竹本和彦
発行所　一般財団法人　東京大学出版会
　　　　代表者　吉見俊哉
　　　　〒153-0041　東京都目黒区駒場 4-5-29
　　　　電話 03-6407-1069　FAX 03-6407-1991
　　　　振替 00160-6-59964
印刷所　株式会社三秀舎
製本所　誠製本株式会社

武内和彦・渡辺綱男 編
日本の自然環境政策
A5 判 260 頁／2700 円
自然共生社会をつくる

佐藤哲・菊地直樹 編
地域環境学
A5 判 448 頁／4600 円
トランスディシプリナリー・サイエンスへの挑戦

公益財団法人日本生命財団 編
人と自然の環境学
A5 判 280 頁／2600 円

古田元夫 監修／卯田宗平 編
アジアの環境研究入門
A5 判 288 頁／3800 円
東京大学で学ぶ 15 講

小宮山宏・武内和彦・住明正・花木啓祐・三村信男 編
サステイナビリティ学 〈全 5 巻〉
A5 判 192-224 頁／各 2400 円
1　サステイナビリティ学の創生
2　気候変動と低炭素社会
3　資源利用と循環型社会
4　生態系と自然共生社会
5　持続可能なアジアの展望

ここに表示された価格は本体価格です．ご購入の
際には消費税が加算されますのでご諒承ください．